# 肥料争奪戦の時代

ダン・イーガン
阿部将大 訳

## 希少資源リンの枯渇に脅える世界

# THE DEVIL'S ELEMENT

## Phosphorus and a World Out of Balance

by DAN EGAN

原書房

# 肥料争奪戦の時代

## 希少資源リンの枯渇に脅える世界

THE DEVIL'S ELEMENT:
Phosphorus and a World Out of Balance
by Dan Egan

クリストファー・マーシュの思い出に

目次

## 第2部　リンの代償



## 第3部　リンの未来

# 読者へ

周期表の原子番号一五番、リン元素は、通常、自然界で純粋な状態で存在しているわけではない。リン原子は地球上のあらゆる生物が必要とするものではあるが、自然界では四つの酸素原子と結びついてリン酸塩と呼ばれる分子を形成している。本書は酸素原子の解説書ではないので、ほとんどの場合、「リン酸塩（phosphate）」ではなく単に「リン（phosphorus）」という用語を用いている（ただし、他の人がリン酸塩という用語を使っているときにはそのまま引用している）。

同様に、私たちを悩ませている（有毒になることもある）植物プランクトンの大発生に言及するとき、科学界では「藻類」にあたる用語としてalgalを好んで用いるが、一般にはalgaeを用いるのがふつうであり、本書は一般読者を対象としているのでこちらを用いている。

本書はリンについての決定的な研究書を目指しているわけではない。リンは、有毒な藻類を大発生させる原因であるとともに、作物にとって必須の――そしてますます希少なものになりつつある――栄養素であるという二面性を持つため、リンが世界的に問題になり始めていることをまだ知らない一般大衆も多いだろう。しかし、これらの問題を長年にわたって研究している科学者もいるし、リンの過剰使用およびリンの不足の両方、あるいは一方の問題に対処する技術や慣習も広まりつつある。本書はそういったことの概説書を目指しているわけではない。リンのバランスがとれた世界に戻るにはどうすればよいかについていくつか提言を行ってはいるが、矛盾をはらむリン問題に対する処方箋を提供しようとする意図を持って書かれたわけでもない。むしろ、それらの問題を読者に紹介することを目的として書かれたものである。

# はじめに

二〇一八年の夏の終わり、フロリダ州ケープコーラルの高速道路を猛スピードで爆走していたエイブラハム・ドゥアルテは、赤と青のサイレンを点滅させるパトカーの姿をバックミラーで確認した。黒のレクサスを緊急停車させると、裏庭が連なる地区へ逃げ込もうとしたが、芝地は思ったより早く尽きた。

警官たちがボディカメラを揺らしながら息を切らせて迫ってきたとき、ドゥアルテに残された道は二つだった。踵《きびす》を返してスピード違反による逮捕に抵抗した結果を受け入れ、警官がじゃらじゃらいわせている手錠のお世話になることが一つ。そして、左腕に「勝負をかける」というタトゥーを入れたこの二二歳の若者にとってもう一つの選択肢は、泳いで逃亡を図ること。

後者を選んだドゥアルテは、ケープコーラルのあちこちに縦横に張り巡らされた水路の一つに飛び込んだ。だが、その選択は間違っていた。ドゥアルテが泳げなかったということではない。彼が飛び込んだのは、水ではなかったのだ。水面は鮮やかな緑の藻類で覆われており、そのヘドロはオートミールのようにべとべとで、おまけに有害だったのである。

有毒ガスにおびえたドゥアルテは、「助けてくれ、お願いだ、死んじまう！」[1]と叫んだ。水路ぎわの警官たちは、心配そうな様子で、救命ボートか、せめて救助ロープを持ってくるよう無線で支援を依頼した。そうするうちにも、ドゥアルテの顔がヘドロに突っ込み始める。警官の一人は、口と鼻を毒物の上に出し、仰向けになって浮かぶよう呼びかけた。

ドゥアルテは犬かきで岸辺まで泳ぎ着こうとしながら、「くそ、くそ、くそ。ちくしょう！」と泣きわめいた。

「ヘドロから出なきゃだめだ、呑み込まれるぞ！」と一人の警官が叫んだ。「ほんとだぞ、死んじまうぞ」

水路のほとりまであと数メートルというところで、ようやくドゥアルテの足が底についた。この時点で彼が溺死を免れたのは明らかだったが、それでもまだ無事安泰というわけではなかった。激しく嘔吐し始めたのだ。

ドゥアルテは水路の壁に近づくと手を伸ばし、ゴム手袋をはめた警官たちによって引き上げられた。腹ばいに転がされたうえで手錠をはめられ、ホースで手早く水を浴びせられた。そのホースは、ドゥアルテの目や鼻孔、のどに入り込んだ泥と同じくらい鮮やかな緑色だった。ドゥアルテによれば、その泥は「人間の糞」のようなにおいがした。[2] 彼は病院に搬送され、その後、（暴力は用いなかったが）逮捕への抵抗および規制薬物所持で告訴された。

この危機一髪の騒動から数日後、ドゥアルテがまだ胃腸障害と呼吸器機能障害の治療を受けて回復途上にあったとき、アメリカ中のニュースキャスターたちは、事件当時に警官たちがボディカメラで撮った追跡映像について、笑みを浮かべながらコメントした。このクリップ映像は、「フロリダ・マン」の仲間入りをしても不思議ではなかった——「フロリダ・マン」とは、笑いものになるような愚かな行為で新聞ネタになったフロリダ州の男たちにまつわるインターネット・ミームだ。しかし、有毒なぬかるみに飛び込んだドゥアルテの行為は、インターネット・ミームにとどまるものではなかった。

それは神のお告げとでも呼ぶべきものだったのだ。

同じく二〇一八年の夏のこと、フロリダ半島でケープコーラルとは反対側の海岸沿いに位置する都市スチュアートで、パニックに陥った自家所有者たちが一〇〇人ほど、平日の真っ昼間に市役所に詰めかけ、沿岸の水を汚染している緑のヘドロに対して何らかの措置を講じてほしいと要求した。七月のうだるような暑さの日で、スチュアートのような観光都市には絶好の日和のはずだったが、市役所の外の海岸沿いの遊歩道には、標識が観光客にこう警告していた。

「藍藻《らんそう》に注意——水に触れないでください」

会合に集まった人々が自己紹介を始め、自分の所属団体を表明するうちに、これは環境保護主義者たちのありきたりの集まりではないことがはっきりしてきた。彼らは、絶滅の危機に瀕する生物や、そういった生物が棲息するはるか遠くの土地や海について戦略を練ろうとしているわけではなかった。自家所有者組合や漁業組合、ヨット・クラブを代表しているばかりか、事業の代表者でもある彼らの話しぶりは、まるで絶滅の危機に瀕しているのは自分たちのほうだと言わんばかりだった。

「助けが必要なのです」とやせこけた漁師のウィル・エンブレーは言った。[3] 緑のヘドロが発生してまもなく、この地域のサバの群れの消失とともにエンブレーの事業も倒産したのである。「私と同じように助けを必要とする人々がたくさんいます」。四五歳のエンブレーは慢性の胃痛に苦しんでおり、最初は憩室《けいしつ》炎と診断されたが、病名は潰瘍《かいよう》性大腸炎、そしてクローン病へと変わっていった。しまいには、医師たちはなぜエンブレーがそんなに具合が悪いのか解明することをあきらめてしまった。

エンブレーが、自分の病の性質を解明するために、さらに何万ドルも使って専門家に診てもらったり、CTスキャンや臨床検査を受けたりするまでもなかった。原因は汚染された海水であるとわかっていたのだ。同じ症状に苦しむ者は彼ばかりではなかった。

地元の診療所や緊急治療室には大勢の人々が詰めかけ、原因不明の呼吸器機能障害や胃腸障害を訴えた。そのため、この市役所での会合の数日前には、地元の衛生ネットワークの責任者が公衆衛生の「危機」を宣言していたのである。[4] 彼は、ここ数年、スチュアートの夏の風物詩ともなってしまった藻類の蔓延による被害の全容解明のため、診療所の人々の協力を求め、訪ねてきた患者たちに、海で泳いでいたか、あるいは別の形で海水に触れたことがあるか尋ねるよう指示した――これは、フロリダの海岸観光地として一〇本の指に入る都市にとっては歓迎すべき事態ではなかった。

「信じられないことですが」と会合の主催者である地元の共和党の政治家は言った。「ここで聞かれているみなさん――これは真実なのですよ！　本当に起きていることなんですよ！」[5]

著名な生態学者のジョン・ヴァレンタインは、一九七〇年代初頭に悲観的な予言をしていた。産業や自治体の無謀な開発によって何十年にもわたって汚染が広がった結果、北米の河川や湖には大きな損害がおよび、その被害は、大恐慌時代に無謀な農業開発によってアメリカ中西部の平原にもたらされた被害に匹敵するものだというのだ。その時代には、土壌が旱魃《かんばつ》によってひからび、風に吹きさらされたため、激しい「黒い砂嵐」が巻き起こって、ジャックウサギは目が見えなくなり、平原に住む何十万という人々が環境難民と化したほどだった。

「このまま状況を改善する手立てが何も打たれなければ、二〇〇〇年を迎える前に、私たちは『藻類ボウル』の真ん中に置かれた状態になるだろう」と、カナダの水産海洋省の主任研究員だったヴァレンタインは述べている。「そうすれば、海は、一九三〇年代の『ダストボウル』（アメリカのグレートプレーンズで広く断続的に発生した砂嵐）によって陸地がこうむったのと同じような影響を受けることになるだろう」[6]

一九六〇年代にすでに、ウォールアイ（北米淡水産スズキ目パーチ科の食用魚）が大量に棲《す》みついていることで知られていたエリー湖の一部の浅瀬は、スープのようにぬかるみ、魚がいない状態に陥っていた。当時エリー湖をはじめとする水域を覆っていた藻類は有害なものではなかったが、それでも致命的な影響をおよぼした。時には何百平方キロメートルにもわたって広がることもあったこの緑のじゅうたんは、腐敗するときにきわめて多量の酸素を吸収したため、ほとんどの生物が生き延びることのできない「デッドゾーン」を作り出したのだ。一九七〇年代初頭には、エリー湖はアメリカの「死海」として知られるようになっていた。

この事態に対処するため、国会議員が政治的立場を超えて協力し合い、水質浄化法を制定した。

企業や自治体が公共水域を廃棄場として取り扱うことがようやく禁じられたことで、エリー湖をはじめとするアメリカの水域の水質は劇的な改善を見せた。

清浄化を加速させ、未来の世代がさらによい仕事を成し遂げられるよう、ヴァレンタインは第二の仕事に取り組んだ。それは第二の人格を作り上げることでもあり、「ジョニー・バイオスフィア（「バイオスフィア」は「生物圏」の意）」なる人物に扮して北米中の講堂を回ったのである。サファリの衣装を身につけ、背中にはビーチボール大の地球儀をひもで結びつけた。そのメッセージは、「地球に優しくしなさい。そうすれば地球もあなたに優しくしてくれるだろう」というものだった。[7]

このメッセージからは「地球を虐待すれば、地球もあなたを虐待するだろう」という厳しい結論が導き出されるが、ジョニー・バイオスフィアの講演の対象は八歳の子供たちが多かったから、彼がそのような露骨な言葉を使うことはなかった。

現実は、子供向けの言葉で語れるような、なまやさしいものではないのだ。

水質浄化法の特徴の一つは、公共用水に一滴でも汚染物質を流す企業や自治体は、まずそのような汚染を行う許可を求めなくてはならないということだ。この許可は定期的に更新しなければならず、廃棄物処理技術の進歩にともない、流すことが許される汚染物質の量も着実に減らしていこうという狙いがあった。

この法律の効果はてきめんだったが、一つだけ、対象となるのを免れた大産業があった——農業である。この抜け穴にはもっともな理由があった。パイプからごぼごぼと出てくるものを濾過《ろか》したり、煙突から漂ってきた煤《すす》をこすり落とすことは比較的簡単だ。しかし、雨で流し出されると公共用水を汚染してしまう余分な殺虫剤や肥料を、ブラシで田畑から取り除くわけにはいかない。

もちろん、農場主が田畑に撒《ま》く肥料の種類や量を最初に規制してしまうという方法もとれないことはないが、当時の国会議員は、農業を基本的に除外することにしたのである。

水質浄化法がこのように農業を適切に規制できなかったことが、今日の藻類の蔓延の根本にあると言ってよい。田畑から流れ出る廃棄物こそ、藻類の異常発生の主要因だからである。さらに悪いことに、アメリカ合衆国中の湖や池を覆っている緑のヘドロの大半は、実は藻類ですらなく、原始的な形態の光合成細菌なのだ。これらの細菌は多量の毒を出し、中には軍研究所で作り出される有害物質に匹敵するものもある。藻類毒素の一種は、その強い毒性のため、科学者たちによって「超速死因子」というなんともパンク・ロック的な呼称が与えられた。

シアノトキシンとして知られる毒素を産出する藍藻類が脅威になりつつあることをこれまで聞いたことがなかったとしても、すぐに耳にすることになるだろう。

アメリカ合衆国中のメディアの報道によれば、二〇二一年だけで、四〇〇におよぶアメリカの水域が緑のヘドロによって覆われており、これは前年から二五パーセントの増加である。ヘドロの蔓延は、ミシシッピ州のビロクシからメイン州のルイストン、ウィスコンシン州のマディソン、さらにはワシントン州のスポケーンの海岸にまでおよんでいる。二〇一七年から二〇一九年までの間に、アメリカ中で三〇〇人以上が、有毒な藻類によって汚染された水にさらされたのち、緊急治療室に運ばれている。二〇一四年のエリー湖の藍藻類の大発生は、オハイオ州トレドの約五〇万人の飲料水を汚染した。

本書を執筆している時点で、藍藻類が原因で人命が失われたと公式に認められているのは、一九九〇年代後半にブラジルで起きた事例だけである。このときには、公共用水に藍藻類が大発生し、透析センターの患者が数十人死亡した。しかし、さらに被害者が増えそうな懸念すべき予兆があるし、そもそもすでに出ているかもしれない。

二〇〇二年、ウィスコンシン州の検視官は、ある一七歳の若者の不可解な死の原因として、シアノトキシンの可能性を指摘した。[8] この若者は、暑い七月の夜に涼もうと、柵を飛び越えて、藍藻が繁茂するゴルフコースの池に飛び込んだ。

二〇二一年の夏の終わりには、ヨセミテ国立公園近くの藍藻がはびこるマーセド川沿いのハイキングコースで、幼い子供を含む一家が死亡しているのが発見された。不可解な事件だったが、ここでも最重要容疑者は藻類の毒素だった。このハイキングコース沿いの川から採取された水のサンプルから、かなりの量の「超速死因子」(アナトキシンa)が検出されたからである。しかし、当局はのちに死因は異常高熱であると結論づけた。

これらの有害な藻類の異常発生は、汚染した水に飛び込んだペットをたちまち殺してしまうこともよくあるが、北米大陸だけに見られるものではない。しかも、犠牲者は犬にとどまらない。二〇二〇年には、ボツワナ政府が、有害藻類の異常発生で汚染されたぬかるみの水を飲んだために三五六頭のアフリカ象が死亡した、と発表した。[9]

シアノバクテリアの別名も持つ藍藻は、何十億年にもわたって地球に存在してきたが、気候変動によって環境に与える影響が悪化している。藍藻は温水で繁茂するうえ、大気中で増加する一方の炭素を養分にしているからである。

シアノバクテリアが増加している要因はほかにもある。指の爪ほどの大きさの外来種のカワホトトギスガイとクワッガガイが、まるで癌のように北米中に蔓延しつつあるのだ。カスピ海原産のこれらの二枚貝に汚染された水は、有毒藻類の大発生に対してとりわけ脆弱である。濾過摂食者（体の一部を濾過器として水中の微生物などを摂取する動物）であるカワホトトギスガイとクワッガガイは、水中に浮いている藍藻類以外のほとんどすべてのものを食べてしまうからだ。[10] このため、藍藻類は、湖の健全な食物連鎖の基盤を成す非有毒藻類より有利な生存条件を持つことになる。そして、二枚貝が繁殖している湖に藻類が大発生したときには、その藻類は有毒藻類である可能性が高くなるのだ。

しかし、藍藻の異常発生を引き起こす最も重要な要素は、おそらく、多くの人が思いもよらないものである。有毒藻類の大発生にかかわるこの要因がどのように世界中の水域を脅かしているかを理解するには、フロリダ州スチュアートから約一六〇キロメートルあまり北西を旅してみればよい。そこにこそ、フロリダの藍藻問題の根本的な原因が存在しているのだ。それはまた、北米大陸中の同様の水問題の根本的な原因と言ってよいだろう。にもかかわらず、二〇一八年にスチュアート市役所で行われた会合の出席者の誰一人として、車で北西にほんの数時間行ったところにあるフロリダ中部の荒涼とした一帯がこの地域の公衆衛生危機とどのように関わっているのか、理解していないようだった。その場所の名は、「骨の谷《ボーン・バレー》」である。

タンパから六〇キロメートルほど東のあたりに、一風変わった観光名所がある。ここの名物は、ダンプカー数台分の岩石を一度ですくい上げられるほど大きなクレーンショベルである。幼い子供たちは、ここを砂場代わりにして、ショベルの口から舌のようにこぼれ落ちる小石で遊んでいる。年長の子供たち（と親たち）は、堆積物をふるいにかけ、はるか昔に姿を消した動物たちの痕跡を求めている。

指のような形をした砂地からなる現在のフロリダ州は、海面が上昇したり下降したりするのにともない、何百万年にもわたって海面の上に行ったり下に行ったりを繰り返してきた。そのため、この半島の中心部には、陸海両方の化石が豊富に残っている。一九八〇年代には、マルベリーという小さな町が何台かの鉄道客車を改造して化石ミュージアムを作ったほどである。

このミュージアムは、フロリダ州の中西部の一〇〇万エーカーほどにわたって広がるボーン・バレー地域の中心に位置している。ここには、体高三・六メートル以上を誇った絶滅種の地上性ナマケモノのかぎ爪に混ざって、巨大アルマジロの化石も眠っている。象ほどの大きさを誇ったマストドンの残骸や、クジラ、ウミガメ、メガロドン（車も呑み込めるほど大きな口を持った絶滅種の巨大ザメ）も眠っている。

一九世紀後半に、永遠に凍りついたような先史時代のこれらの動物たちの化石が発見されると、ダーウィンの進化論が持つ意味を理解しようといまだに苦労していた大衆の想像力をとらえた。「これらの太古の墓所では、想像力が自由に解き放たれ、その不可思議な幻想の中に、この美しい半島がまだ砂丘と珊瑚礁の連なる曲がりくねった線にすぎなかった時代に地上を歩いていた奇妙な姿の動物たちがよみがえるのだ」とは、一八九〇年のある新聞記事の一節である。

しかし、フロリダ州の中心部の先史時代の化石は、ミュージアムの展示品として貴重であるだけではない、と記者は言う。「現実的な考えの持ち主や目的意識を持った人間、富を求める者、資本家にとっては、これらの［化石の］驚くべき堆積物は、運命の捧げものだ――一生に一度のチャンスである」[11]

記者は、フロリダ州におけるこれらの化石の重要性は、一八五〇年代のカリフォルニアにおける金の重要性をはるかにしのぐものになるだろう、とさえ予言している。太古の昔に絶滅した生物の大量の化石（そして、こちらがより重要なのだが、それらの化石が埋まっていた大量の堆積岩）は、実際、はるかに貴重なものであることが判明した。金を作物に撒いて食物を育てることはできないが、化石や堆積岩は食物栽培に利用することができるからだ。

フロリダ州の化石層と、それを取り巻く堆積岩は、細かく砕いて酸に浸すと、農作物の成長を驚くほど促進する強力な肥料になることがわかった。これらの肥料鉱山のうち二七の鉱山が、フロリダ州の中心部のほぼ五〇万エーカーの地域に広がっている。[12] そのうち九つは現役で、採掘者が地面から必須栄養素を一トン掘り起こすたびに、弱い放射性を持つ廃棄物が五トンも新たに生み出されているのだ。[13] そしてこの放射性廃棄物は、フロリダ州の内陸部で小山のように積み上げられる。しかしフロリダに住む多くの人々の目に汚染物質の山は映らず、意識されることもない。それらが人々の意識にのぼるのは、廃棄物が時々しみ出て、州の地下水や沿岸部の水を脅かすときだけである。

しかし、有毒な山は増大するままほったらかしにされている。ボーン・バレーの岩石肥料鉱床は、世界中に散在する他の類似した鉱床と同様、増加する人口に合わせて地球の食物生産がここ半世紀で倍増するにいたった大きな要因だからである。

アメリカ先住民が一万年ほど前に栽培を始めたトウモロコシは、もともと穀粒が豊富な細長い草だったが、今日ではリンゴの木と同じくらいの高さにまで生長する。また、トウモロコシをはじめとする作物に強力な岩石肥料がたっぷり使われ始めて以来、一エーカーあたりの収穫量はおよそ五倍に激増した。こういったことが可能になった要因が、この鉱石なのである。

しかし、作物の生長を促進する化学肥料の奇跡的な力には、マイナス面もある――水に溶け込んでも、その力が減少しないのだ。そして、現代の農場主が大量に用いている岩石由来の肥料のほとんどは、植物の根が吸収する前に耕作地から流出してしまうのである。そのため、作物の収穫量を上げるどころか、水路や河川、湖に流れ込み、藍藻を肥大させる結果になっている。

一九世紀後半にボーン・バレーの岩石肥料鉱床が発見されたときには、このような形で自然をいじるとどんな悪影響がもたらされるか、誰も深く考えることはなかった。

フロリダ州の人々は、地下に眠るこの貴重な資源に有頂天になった（今なお、アメリカ合衆国で消費される岩石肥料の七五パーセントはフロリダ州原産のものである）。当時の新聞には、貴重な肥料であるということが判明する前に路面に敷き詰められた小石をめぐり、男たちが撃ち合いになることも辞さなかったという記事が載っているほどだ。[14]

しかし、なぜ岩石がこれほど貴重なのだろうか。

リンを含んでいるからだ。

リンは植物の生長に欠かせないもので、それはつまり私たち人類にとっても必要不可欠ということだ。しかし、リンが貴重なのは食物を育ててくれるからだけではない。リンは、私たちが食べたものを、筋肉を動かす化学エネルギーへと変換してくれるのだ。リンはまた、最も大きなものから最も小さなものまで、私たちの身体構造において不可欠な構成要素となっている。私たちの骨と歯はリンからできているし、リンは私たちのＤＮＡにも含まれている。いや、リンこそＤＮＡそのものだと言ってもよい。あらゆる細胞に生命をもたらす遺伝子設計図を形成するかの有名な二重らせんは、リンでできているのだ。私たちが栽培するトウモロコシから、それを食べる動物、そしてその動物を食べる人間にいたるまで、リンは食物連鎖のあらゆる段階で決定的な役割をはたしている。

まさに、リンなくして地球上に生命は存在しないのである。

もちろん、同じことは、生命に不可欠なあらゆる元素――たとえば、現代の肥料の主要な成分である窒素とカリウム――についても言えるだろう。

しかし、リンとこれらの他の生命維持元素には、決定的な違いがある。地球には、古代に干上がった海底に残された堆積地という形で、今なお多くのカリウムが貯蔵されており、カリウムが近い将来に尽きることはありえない。窒素に関しては、大気中最も豊富に含まれる気体であり、二〇世紀初頭以来、大気から窒素を抽出して、田畑に撒くのに適した形に変換する技術が開発されている。

つまり、激増する地球人口を養うために作物をより大きく、より早く生長させる肥料の成分であるこれら二つの元素に関しては、今すぐ世界的に不足する懸念はないのだ。

ところがリンについては、事情がまったく異なる。

地球上に生命をもたらした元素の起源は、できたての地球の温度が低下し始めたときに凝固して岩石を形成したマグマである。やがて、風や波がこれらの火成岩に含まれるリンを解き放った。自由になったリン原子は、生者と死者の間を循環した。動物が排泄したり、死んだり、腐敗したりすると、排泄物や死骸に含まれるリンは植物に吸収された。これらの植物が死んだり、食べられたり、駆逐されたりすると、その植物に含まれるリンがまた放出され、新たな世代の草木の燃料源となった。その新たな草木が、今度は次世代の草食動物、そしてその草食動物を食べる人間の生命源となった。それが延々と繰り返されたのである。

リンは、生命の輪を完成させる根本的な結び目なのだ。この仕事をはたせるのはリン以外にない。「石炭は原子力で、木材はプラスチックで、肉は酵母で、そして孤独は友情で代替できるかもしれないが、リンに取って代わるものはない」と、有名な科学者にして作家のアイザック・アシモフは一九五九年に述べている。

リンが比較的希少であったため、植物の生長と地球の人口は抑制されていた。その蓋を取っ払うことができると人類が知ったのは一九世紀のことだった。世界中に散在する、リンを豊富に含む堆積岩の貴重な鉱床を掘り起こせばいいのだ。これらの鉱床は、氷河に舞い落ちる雪片のごとく、生命を失った有機物が数百万年にわたって海底に積み重なり、その質量と圧力によってリンを豊富に含む堆積岩へと凝固していったものである。地質学的な力によって堆積岩の一部が地表に押し上げられ、私たちは、この採掘可能な鉱床のおかげで、何百万年もかかってようやく生物界に顔を出したリン鉱脈を一年で掘り起こすことができているのだ。

この岩石採掘により、人類はアシモフが指摘したリンのボトルネックの解決法を見出したように思われたが、リンは現在、化石燃料同様、貴重で限られた資源となっている。それにもかかわらず、私たちは地球上の採掘可能なリン鉱床をすさまじいペースで消費している。そのため、石油の産出同様、数十年のうちに「ピークリン」がやってくると主張する科学者も出てきている。ピークリンを過ぎれば、リンの産出は減少の一途をたどり、慢性的な食料不足の危機が訪れることになる。

今から一〇年以上前、『フォーリン・ポリシー』誌の社説は、「人類は現在、歴史上最も深刻な自然資源不足に陥っている」[15]と述べている。

この社説が発表されて以来、リン不足の見込みは暗いものになる一方である。ひどい汚染のもとになるとはいえ貴重な資源であるこの物質の埋蔵量が減少しているにもかかわらず、人類はこれを無駄に消費し、事態をさらに悪化させているのだ。エリー湖が死海と呼ばれた半世紀前から、全世界のリン岩石の年間採掘量はおよそ四倍になっている。しかし、採掘されたのち肥料として撒かれたリンの大部分は、作物、家畜、そして私たちによってとりこまれる前に、田畑から流出してしまっているのである。そして、私たちの食卓にのぼることがかなったリンにしても、その大部分は耕作地に還元されることなく、下水道を通して河川や湖へと排出されている。これはもう、リンのパラドックスとしか言いようのない状況だ[16]――採掘できる貴重なリン岩石を掘りつくそうとしていると同時に、河川や湖をそのリンで汚染し、覆いつくそうとしているのだから。

今世紀末までにリン埋蔵量が尽きてしまうと予測している人々もいるが、肥料業界の人々も含め、この問題に精通しているとされる多くの人は、そんなに早く尽きることなどないと反論している。しかし、何年かかるにせよ、人類が生命の輪にひびを入れ、輪を直線に変えてしまったことは否定しようがない。そして、一〇〇年であれ、四〇〇〇年であれ、その直線には必ず終わりがくるのだ。困った事態になるのは、地球最後のリン鉱山が採掘され、製粉され、河川や湖に流されたときではない。世界の一部の地域でリン鉱床が尽きた結果、数カ国、場合によってはいくつかの民族だけが、七〇億人を維持する肥料鉱山を独占する状況に陥ったときには、すでに大問題になっているのだ――そしてそのときが来るのは、人々が思うほど遠い先のことではないだろう。

このままのペースでいくと、フロリダ州の鉱山はわずか三〇年で利用できる岩石が掘りつくされることになる。そしてそのとき、アメリカ合衆国は、農業システムを維持するために他国に頼らざるをえなくなる可能性がある。

他国がアメリカの食料安全保障の維持に興味を示すかどうかはあやしいものだ。現存する世界のリン埋蔵量の約七〇パーセントから八〇パーセントは、モロッコと、モロッコが一九七〇年代以降（時には武力を用いて）占領してきた西サハラ地域に存在している。地球上のあらゆる人々にとって必須の物質の大半を、一国が――実質上モロッコ王という一人の人間が――支配していることは、世界の不安定さの原因になっている。いや、事態はもっとひどいかもしれない。

自分の排泄物を焼くことでリンを発見した一七世紀の錬金術師には（リンというのは、私たちの細胞一つひとつに存在するものなのだ)、何かとんでもないものを解放してしまったということがわかっていた——かすかにニンニクのようなにおいがする、魅惑的な輝きを放つ白い蠟質のかたまり。彼はこの発見物を、惑星の金星を表すギリシャ語にちなんでphosphorusと名づけた。「光を運ぶもの」という意味である。夜明け前の空に見える金星のきらめきが、迫りくる日の出の先触れであることを思えば、光り輝く元素にはぴったりの名称と言ってよいだろう。

金星を意味するラテン語も、同じように、luc(光)fer(運ぶ)と表される。つまり、luciferである(luciferには「悪魔」の意味もある)。

錬金術師が発見した物質には、こちらの名称こそふさわしかったかもしれない。この奇妙なかたまりは、ダンテのペンによって書かれたどんなものよりも、激しく自然燃焼する傾向を持っていることがすぐに明らかになったからである。

事実、リンはやがて「悪魔の元素」と呼ばれるようになった。一三番目に発見された元素だったという理由からだけではなかった。この名前が定着したのは、そのひそかな毒性(リンはいまだに殺鼠剤の活性成分である)と、爆発性(報道によれば、今この文章を書いているさなかにも、ウクライナを占領しているロシア軍によって、おそらく違法に、リン爆弾が使われているという)のためである。

リンを悪魔の元素と呼ぶのは、現代こそふさわしいと言ってよいのだ。

聖書に登場する悪魔は、地球最初の人間を誘惑し、知恵の樹にできたリンゴをかじらせた。アダムとイヴは、自意識に目覚めた結果、楽園を追放され、過酷な環境の地球で食料を手に入れなければばならなくなった。

アダムとイヴの苦難は今なお私たちの苦難となって続いている。人類はリン鉱石肥料の力と、それがもたらす利益に目覚め、一世紀にわたって利用してきた。しかし、採掘したリンに依存して生活することは、ファウスト的な重荷を背負うことでもあった。地球が維持できる人間の数を抑制していた自然のスロットルを全開にすることで、私たちは河川や湖をリン肥料で汚染し、その結果、これらの水域は泳ぐことも、釣りをすることも、飲料水として利用することもできなくなりつつある。私たちは自分たちが住む園《その》を汚しているのである。

これらの水域を守って生き返らせると同時に、これから生まれてくる世代にも十分なリン（それはつまり、食物ということでもある）を確保するために今できることと言えば、この現代の悪魔に自分のしっぽを追いかけさせることである。つまり、私たちが壊してしまったリンの生命の好循環を復元することだ。

これを実現するためには、化学肥料の使用量を激減させ、その使用法も変革しなければならない。人間の排泄物も含め、文明が生み出す廃棄物の処理方法にも変革が必要だろう。

このような方法で悪魔の元素を手なずけようとしないことの代償は、すでに目に見えて現れている。

エイブラハム・ドゥアルテがフロリダの水路に飛び込んで悲惨な目にあったのと同じ年の夏に、地元の新聞では、有毒藻類のせいで海岸の七〇〇万ドルの家の売却が失敗に終わったことが報じられた。この取引にたずさわった不動産業者は、水路に落ちたドゥアルテと同じような狼狽ぶりを示した。もしフロリダの水質が悪化の一途をたどるなら、すべてが同じ道をたどることになるからだ。「フロリダが提供できるものと言えば」と彼は語った。「自然環境しかないんです」[17]

地球だって同じだ。

# 第Ⅰ部 リン争奪戦

# 1章　悪魔の元素

今から一〇年ほど前のこと、ドイツ人のゲルト・シマンスキは、デパート店長を退職し、バルト海からそう遠くない小さな村に夫婦でこぎれいな煉瓦造りの別荘を購入したが、そこで思いがけない趣味を持つことになった。海岸の漂流物集めである。シマンスキはベレムナイトの化石をあさるのが特に好きだった。ベレムナイトとは、ジュラ紀の海で繁栄したイカに似た捕食動物で、水を吸い込んで口の近くの管から吐き出すことにより、矢のように後ろにすばやく移動するという特技を持っていた。

シマンスキが海岸で琥珀《こはく》色の海洋生物の化石をあさることを好むようになったのは、地球という惑星の歴史において人間がいかにちっぽけな存在であるかに思いをはせると心が躍ったからである。夫婦で退職後の別荘の購入を計画し始めたとき、新築の家なら「一生暮らせる」と言われるたび、シマンスキは「一生と言ったって、あとたかだか三〇年だ」と思ったそうだ。「たった今あなたに手渡したベレムナイトの化石は、何千万年も前から存在しているのですよ」と皮肉な笑みを浮かべながら語ってくれたときには、彼のふさふさした口ひげが上がり、目元にはしわが寄った。

漂流物あさりがとても楽しみになり、シマンスキはどんな天気でも一人で何時間も海岸で過ごした。だから、二〇一四年一月一三日、小雨の降る寒さの厳しい朝も、冬用のジャケットを着こみ、車のカギをつかんで、数時間で昼ご飯を食べに戻ってくると妻に告げて外に出た。

その日、波打ち際に出ているのはシマンスキ一人だけだった。視線を下に落としながら、バルト海のものうげで無表情な波と高さ約一〇メートルの絶壁の間に挟まれた岩場の上をぶらぶらしているとき、アメリカの二五セント銀貨ほどの大きさの牡蠣《かき》の殻の化石のようなものに目が留まった。オレンジ色がかった石はすばらしい収穫と呼べるほどのものではなかったが、家に持ち帰って妻に見せるくらいの価値はあるだろう。こうして、当時六八歳だったシマンスキはかがみこみ、それを拾ってズボンのポケットに入れた。それから、もう少しおもしろいものを見つけようと、探索を再開した。

一〇分ほどしてポンという音が聞こえ、シマンスキは腰のあたりに激しい痛みを感じた。下に目をやると、左脚から黄色い炎が上がっていた。「まるで私のジーンズから稲妻が出ているようでした。閃光みたいに」とシマンスキは語る。最初は、恐怖よりも不思議に思う気持ちのほうが強かったという。「寒くて雨が降っていて湿気があるのに、どうしてこんな閃光が出てきたんだろうと思いました。タバコは吸わないので、ライターも持っていませんでした。ありえないことだったのです」

驚きはすぐに恐怖に変わった。発火の原因となったものを引っ張り出そうと手をポケットに入れると、溶けたチョコレートのようなべとべとしたものが手に触れるだけだったのだ。思わず手をポケットから出すと、すべての指がべとべとしたもので覆われ、しかもろうそくのように発火していた。

　シマンスキは助けを求めて叫んだ。腿《もも》の皮膚を焦がした炎が、皮膚の下の淡黄色の脂肪を「ジュ一ッと音を立てるベーコンのように」焼き始めるのが目に入ったのだ。海岸に一人でたたずむ漁師に救急車を呼んでくれと叫ぶと、シマンスキは本能的に海に向かって走っていた。極寒の海に飛び込むと炎は消えたが、岸に上がれば火が再燃するのではないかと思い、助けが来るまでの約三〇分間、皮膚が焦げているにもかかわらず震えながら、ショック状態のまま波の中で助けを待つことになった。

　二人の警官がやっと到着し、シマンスキを岸に引き上げた。彼の腿はオーブンであぶり焼きした鶏の腿肉のように黒くなっており、あまりにひどい状態を目にした警官は二人とも、その後休暇願を出したほどだった。医療用ヘリコプターを呼ぼうという話も出たが、シマンスキを乗せた上空で謎の炎が再び息を吹き返したらヘリコプターが墜落しかねないということで、この案は取りやめになった。やっと救急車で到着した救急医療隊員たちは、シマンスキの焼け残ったジーンズを切り裂き、彼を毛布に包んで、緊急治療室に向けて出発した。救急車はアメリカ郊外の車道よりも狭い道路を駆け抜けていったが、救急医療隊員たちもまた焼け焦げた腿の肉に嫌悪を催し、モルヒネを注射投与するための静脈を見つけられないほどだった。

　シマンスキのやけどは全身の三分の一におよび、彼はその後の二カ月のほとんどを治療のため病院で過ごさねばならなかった。今では傷はほとんど癒えているが、慢性的な痛みに悩まされ続け、睡眠薬を常用している。左脚の損傷は甚大で、移植した皮膚は樹皮のようにでこぼこしている。

彼はいまだに、あのひんやりと湿った石を拾ったあとで自分の身に降りかかったことがいったい何だったのか理解できていない。「ただの石だったんですよ」と彼は言う。「小さな石。とても小さな石」

このような事例はシマンスキ以外の身にも起こっている。近年シマンスキや他のバルト海の漂流物収集者が見つけているこの爆発する小石は、実際には石でも化石でもない。バルト海の浜辺や近隣のエルベ川の土手で拾われる金色またはオレンジ色の小さなかたまりの多くは、不思議なほど琥珀に似ている。バルト海沿岸は、樹液が化石となった琥珀で有名なのだ。しかし、これらは宝石ではない。実は、元素周期表の中でも特に危険なもの――リン元素の破片なのである。

純粋なリンのかたまりは、基本的には自然界には存在しないはずのものだ――純粋なリン元素は、発泡スチロール製の容器と同じくらい自然とはかけ離れたものなのである。なぜなら、自然状態にあるリン原子は酸素原子と結びつき、リン酸塩と呼ばれるさまざまな化合物を作り出すからである。リン酸塩は、地球上のあらゆる生物に不可欠な分子である。DNAのきわめて重要な構成分子であり、細胞レベルでエネルギーを解放する化学反応を促進している。細胞壁と細胞膜の構成要素であり、日光を地球の緑樹へと変換するのに不可欠な役割を担っている。簡単に言えば、リンこそが地球に生命をもたらしているのであり、もしリンが存在していなければ、現在の地球は冷たい死んだ岩にすぎないだろう。

リン原子が酸素原子から離れることがあるとしても、それはほとんどの場合、一時的な状態にすぎない。たいてい爆発という形で終わりを迎えるからだ。純粋なリンのかたまりが炎となって燃えるには、室温を少し超える温度まで温まるだけでよい。

リン元素のかたまりは自然界には存在しないものだから、近年ドイツ北部のビーチや川岸で見つかるかたまりには何らかの事情があるということになる。人間が介入しているのだ。

リンの小石がどうしてこういった場所に現れるようになったかを理解するには、時をさかのぼる必要がある。具体的には、シマンスキの事例からおよそ七〇年前だ。

一九四三年七月二一日、コーヒー卸売業を営みつつ作家活動にもいそしんでいたハンス・ノサックは、ハンブルクの自宅を後にして二週間の休暇に出かけた。仕事から、そして四年にわたって激しさを増していた戦争から逃れたかったのだ。彼が借りた別荘はハンブルクの町境から約一六キロメートルも離れたところにあったが、三日目の夜、夫妻はハンブルクへの空襲警報でまどろみを破られた。「私はベッドから飛び起き、はだしのまま家を出て、きれいな星座と暗い地面の間に耐えがたい重りのように漂うこの音に飛び込んだ。特定の場所で鳴っているわけではなく、あらゆる場所で鳴っている音。その音からは逃れようがなかった……」とノサックは数週間後に回想している。「それは、想像できないほどの高度で南からハンブルクへと近づく一八〇〇機の飛行機の音だった」[2]
ドイツ北部の産業の中心都市に轟音《ごうおん》を立てる大量の爆撃機を投入する計画は、同じ一九四三年の少し前、イギリスのウィンストン・チャーチル首相とアメリカのフランクリン・ルーズベルト大統領の間の秘密会談に端を発する。二人は、それぞれの空軍の首脳部に、ドイツの都市の空爆では基本的に今後一切手加減しないようにと命じた。「カサブランカ指令」という一枚の文書の冒頭には、

「ドイツの軍事、産業、経済システムを徐々に破壊して混乱に陥れ、武装抵抗能力が致命的に弱まるまでドイツ人の士気をくじくこと」とその目的が記されていた。

この指令の「士気」という言葉は、「生命」と置き換えたほうがより真実に近かったかもしれない。当時、数千フィートの高さから都市に落とす爆弾は、正確に標的に命中することなどほとんどなかったからだ。「ナチスとファシストが自ら求めたことだと考えている」とルーズベルトは会議で説明した。「今、彼らはそれを受け取ることになったというわけだ」

イギリスは、自分たちがドイツ人に行おうとしていることについて、公式声明でさらに露骨な表現を使っている。「ナチスは、自分たち以外のあらゆる人間を爆撃するが、自分たちは誰にも爆撃されないという幼稚な思いこみのもとで戦争を開始した」と、イギリス空軍トップのアーサー・“爆撃機《ボマー》”・ハリスは明言している。「ロッテルダムで、ロンドンで、ワルシャワで、そして他の約五〇もの都市で、彼らはこの独善的な理論を実行に移した」。それからハリスは、ドイツ市民に恐怖を植えつけるべく、旧約聖書の言葉を利用した。ドイツ軍について、「彼らは風を蒔《ま》いた」と言及したあと、「そして今、彼らはつむじ風を刈り入れることになるだろう」と続けた。この聖書をもじった言い回しは、文字通り現実のものとなった。

イギリス空軍は、これまでのイギリスによる小都市への爆撃と、戦争開始時のドイツ軍によるイギリスの都市への爆撃の科学的分析を、技師や数学者、建築家のための実験台、ケーススタディとして利用し、より破壊的な都市爆撃方法を開発した。[3] イギリスの研究者たちは、約一八〇〇キログラムの「ブロックバスター」など、比較的少数の大型爆弾による振動性の突風や榴散弾によって都市を破壊しようとするよりも、爆撃機に約一・八キログラムの小型爆弾を大量に詰めこませたほうが効果的だろう、という結論に達した。これらの指揮棒のような形をした爆弾は、物を燃え上がらせるのが目的ではなかった。燃え広がらせるのだ。

これらの火おこし棒は、落下して小さな炎を着火することで損害を与えた。家族が屋根裏に保管していた日常品を、着火した炎が焼き尽くしたのだ。肖像画、恋文、家具、ベビー服。三つの大陸で何百万という兵士によって戦われている戦争にあっては、このようなレベルで市民をターゲットにすることは残酷で無益なことのように思われるかもしれないが、イギリス人は、家族が最も親しみを感じている平凡な所有物でさえ、軍事的に利用すべきもの――炎を広める燃料――とみなすようになっていたのである。

第一波の大型焼夷弾が一街区のあらゆる家のドア、屋根、窓を爆破したあとで、第二波以降の爆撃隊が同じ地域に焼夷弾を投下した。こちらの焼夷弾から立ち上る炎は、破壊されて換気のよくなった家々や事業所を吹き抜ける風にあおられて荒れ狂い、建造物に利用されている材木まで燃やし尽くした。こうして激しさを増した火勢は街全体に広がり始めるが、その街区の反対側の端もすでに同じように燃え始めているかもしれない。ハリスは、こういった小さな火事がある程度の数の街区である程度の速さで――つまり、消防隊の消火が間に合わない速さで――起これば、すべての小さな火事が一つの超大型の炎へと融合し、都市全体が灰燼《かいじん》に帰すだろうと考えた。

ハリスはまた、約一四キログラムの魚雷型の特殊焼夷弾を好んで用いた。オークの葉が散るように空からあらゆる方向にひらひら舞い降りる小型爆弾よりも、狙いがつけやすかったからだ。この大型焼夷弾が作り出す炎は一風変わっていた――爆発すると、輝く小さなかたまりがいくつも飛び出し、鋼鉄さえも曲げるような高温で燃えるばかりでなく、命中したあらゆるものに膠《にかわ》のようにくっついたのである。くっつく対象は人間も例外ではなかった。ハリスに言わせれば、これこそが「敵の士気に大きな影響を与える」[4]ことになるのだった。この爆弾にはリンが詰めこまれていたのだ。

ハンブルクは一九四〇年以来、イギリス軍による小規模な空襲に悩まされていたとはいえ、被害はそれほど大きくなかった。しかし、一九四三年には、ナチスの上層部でさえ、連合国軍の爆撃機の大軍がハンブルクの石油精製所や造船所、Ｕボートのある軍事施設、そしてそういった場所で働く人々が住む近隣地域を攻撃するのは時間の問題だということがわかっていた。

ナチスは、爆撃に備え、一五〇万人のハンブルク市民のために、数千人から成る消火部隊を編成し、一〇〇〇以上の要塞化した掩蔽壕《えんぺいごう》を建設した。[5]

一週間にわたるハンブルク空襲（コードネーム「ゴモラ作戦」）の最初の夜、コーヒー商のノサックは、妻とともに、借りた別荘の地下室のドアの後ろに避難したが、やがて外に出て、一六キロメートル北のハンブルクの上空から「輝く金属片の雨」のようなものが降っているのを見て言葉を失った。爆撃は五〇分後に終了したが、[6]ノサックはそのときの北方の空を、荘厳な夕焼けのように赤く輝いていた、と描写している。午前一時三〇分のことだった。

最もすさまじい被害をもたらしたのは、それから三日後の夜に行われた空爆だった。イギリスの爆撃機は、ハンブルクの労働者階級が密集して住むいくつかの街区に約二〇〇〇トンもの爆弾を浴びせ、その半分以上が焼夷弾だった。いつになく暑く乾燥した夜だったが、何千という火が、数分のうちに、戦争計画者たちがこれまで目にしたことがないものへと変貌した――溶鉱炉のように熱く燃える、三キロメートルも広がる火の嵐である。[7] 酸素に飢えた炎によってこの火の竜巻は強力な風を巻き起こし、そのあまりの吸引力のため、直径九〇センチメートルの木々が倒壊し、子供たちも母の腕から引きはがされた。[8]

その夜、イギリス空軍のパイロットたちは、石炭のように赤熱する広大な地上から激しく立ち上る、うなるようなオレンジの炎しか見えなかったと報告した。まさにその赤い大地が、きのこ雲のように立ち上った超高温のガスの煙の柱に燃料を供給していたのだ。地上では、ワインボトルが溶け、フォークの歯が白光を放った。巨大な燃えさしが風に乗って町中を曳光弾《えいこうだん》のように駆け巡ったが、ある生存者はその轟音を「誰かが教会の古いオルガンのすべての鍵盤を押している」ようだったと述べている。[9]

空から降ってきたリンのかたまりが命中した一般市民の頭部は「トーチのように」炎へと変じた。この化学性の火を消そうと水路に飛び込む者もいたが、息継ぎのために顔を水上に出したとたん、まるで誕生日になかなか吹き消せないろうそくのように、リンの炎がよみがえるのだった。[10]

この夜の爆撃による死者は約三万八〇〇〇人とされるが、死体を正確に数えることなど不可能な状況だった。数えられるような死体などほとんどなかったからだ。医師たちが灰の山の重さを量り、そこから死者数を推定するケースもあったという。[11]

今日のハンブルクの中心部は、空襲を生き延びた石とレンガのファサードが散在する平穏な大都市である。路上には、一〇〇万人近くが逃避せざるをえなかった惨事の物的証拠はほとんど残っていないが、時々それを想起させるものが文字通り顔をのぞかせることがある。目的物に命中しなかった焼夷弾のリンのかたまりは、エルベ川や周辺の水路に着弾したが、それが地中で冷えて凝固し、今日でも川床に眠っているのだ。地中に埋まったままでいるかぎり、小石と同じで害はない。しかし、もしそのかたまりの一つが水から引き上げられて三〇度くらいにまで温められれば、一九四三年七月に水を直撃したときと同じような激しさで炎となって燃えることになる。リンの小石は、ハンブルク北東のバルト海沿岸地域――シマンスキが住む近隣地域――にも姿を現す。この地域では一九四三年夏、ハンブルク空襲からわずか二週間後、ウーゼドム島にあったＶ１ロケットとＶ２ロケット製造工場が同じように爆撃を受けたのである。

ゴモラ作戦の悲劇を後世に伝えるため、あるハンブルクのせわしく人が行き交う通りに、ひざまずいて祈るような姿勢をとったまま溶けた人物像が設置されている。そこは、防空壕上で猛威を振るう炎が酸素をすべて消費し尽くしてしまったため、三七〇人の一般市民が一酸化炭素中毒で亡くなった現場である。ハンブルク空港近くのオールスドルフ墓地には、十字架形に整えられた草地の区画があり、火の嵐の被害者の焼け焦げた遺体が納められている。「ステュクス川を渡って」と呼ばれる像が墓地の目印になっている。この像には、小舟に乗って我が子を慰める母の姿が彫られている。母子は、冥途へ向かう神話の川の上を漂っているところで、小舟には他にも何人か乗客がいる。船尾でうずくまり、両手を首の後ろに回してうなだれている裸の男性像もある。

　エルベ川の北の都心には、同じように絶望的なポーズをとったはだしの男性の像も設置されているが、こちらは顔を両手にうずめている。ここはかつて聖ニコライ教会が立っていたところである。この教会は、一九世紀に建造されたネオ・ゴシック建築の傑作で、その高さ約一四七メートルの尖塔は、一九世紀後半の数年間、世界一高い建築物とされていた。尖塔は一九四三年の時点でも際立った高さを誇り、夜襲を行ったイギリス空軍のパイロットは、近隣の町を爆撃するのにこれを目印としたほどだった。教会の骨組みは爆撃で燃え落ちたが、地下聖堂は復元され、今日では虐殺を後世に伝えるミュージアムになっている。

　驚くべきことに、聖ニコライ教会の尖塔は空襲を生き延び、今でも空に向かってそびえ立っている。焼かれて黒くなった中心部を昇降するガラス製のエレベーターに乗って展望台に上ることもできる。眼下に望める街をほとんど壊滅させたリン爆弾による火の嵐は、連合国軍だけの責に帰すべきものではない、ということを説明しようとする記念銘板が設置されている。ナチスによるワルシャワ、ロッテルダム、コヴェントリー、ロンドンの空襲が、連合国軍による残忍な反撃の引き金になった、と記されているのである。「爆撃によるハンブルク市民の多くの死傷者たちは」と銘板の言葉は締めくくられる。「ナチスの好戦的な政策、ドイツを世界列強にしようとしたナチスの企み、そしてナチスが始めた戦争の残虐化の犠牲者だった」

　しかし、この記念銘板は二〇一二年以後に新しく取りつけられたもので、それ以前には空爆の責任をさらに直接的にナチスに帰す銘板がつけられていた。かつての銘板にはこう書かれていたのである。「火の嵐の導火線はドイツで点火された」。この歴史的評価が正当なものであるかどうか、議論が交わされたことはまちがいない。しかし、科学的見地からすれば、リン爆撃の導火線の火がドイツで点火されたということは議論の余地がない事実である。実のところ、その導火線は聖ニコライ教会の尖塔から一・六キロメートルと離れていないところで点火されたのだ。ハンブルクこそリンの故郷なのである。

まだ午後八時だったが、青みがかった濃灰色のハンブルクの空高くにはすでに満月が輝いていた。時は一六六九年、このとき黒魔術が実践された。しわだらけの手をして、毛の本数は頭よりも首のほうが多い小太りの男が実験室で片膝をつき、天を見上げて、若い二人の助手に後ろに下がるように手振りで命じている。三脚椅子の上にバランスを保って置かれた不気味なガラス製の球から、青い蒸気が立ち上っている。

これは、イギリスの画家ジョセフ・ライトがリン元素の発見の様子を描いた有名な絵のキャンバスにとらえられた描写である。実際の出来事から一世紀後に描かれたこの絵には、いくつか脚色している部分がある。ライトは、現実世界の魔術師、ヘニッヒ・ブラントという名の錬金術師を、リン発見時の実年齢よりはるかに年上に見えるように描いている。舞台は、壮大なゴシック風のアーチ、柱、大きな窓のある洞窟のような広間に設定されているが、実際に実験が行われたと考えられるのは、ブラントの自宅の実験室である。[12] この実験室は、聖ニコライ教会の尖塔から徒歩わずか一〇分、ハンブルク中心部の聖ミヒャエル教会の近くに位置するが、このあたりは現在では緑の多い住宅地になっている。

しかし、この絵の焦点——ブラントがビンに閉じ込めた異世界の物質——は、現実に生じたものだった。ガラスの容器が冷め、内部の蒸気が消散した数時間後にその中に残された物質は、青緑の光を投げかけていたことだろう。この輝きを生んだのは熱ではなかった。おそらくチョコチップほどの大きさだったと思われる蠟質のかたまりの温度は、室温と変わらなかった。それにもかかわらず、そのかたまりは何日も光を放ち続けた。ブラントは、当時の誰もが目にしたことのないものを創造したのだ。彼は愛情をこめて、それを「わが炎《マイン・ファイア》」と呼んだ。

この発見にいたるまでのヘニッヒ・ブラントの人生は冴えないものだった。ある同時代人は、ブラントについて、「知名度も身分も低い男で、その行動のすべてが変わっていて謎めいていた」と述べている。[13] ブラントは一六三〇年生まれで、三十年戦争にも参加した退役軍人だった。軍人としてはたいした地位も得られず、戦場で目覚ましい活躍をすることもなかった。退役後にガラス製造事業に乗り出したものの、失敗したと言われている。その後、自称物理学者としてのキャリアを歩み始める。きちんとした教育を受けていなかったらしいのに、手紙には「ヘニッヒ・ブラント、医学・哲学博士」[14] と署名した。

ブラントは裕福な女性と結婚することで富を手に入れ、錬金術という謎の技術にのめりこんでいく。錬金術とは、古代から行われてきた、神秘主義と実験を組み合わせて金を追い求める試みである。錬金術師と化学者は本質的に異なるものだ。化学者は、一八世紀に、錬金術師の実験器具や魔術のような実験技術、データを受け継ぐことになったが、知識そのものを求めるよう訓練を受ける。観察、仮説、実験によって、苦労して知識を手に入れるのである。化学者の体系的な取り組みは、物質界の謎を明らかにするばかりか、当然、人類に莫大な実利的成果をもたらしている。大気から窒素肥料を引き出したり、かびからペニシリンを取り出したり、といったことだ。それらの発見によって化学者自身も富を得ることができる。

これに対して、錬金術師は単純に金を求めた。彼らは、ブリキや鉛といった卑金属はいずれ金の状態に変貌する、と信じていた。金と卑金属の違いはその点だけであり、自然界ではこのような変貌が実際に生じていると考えていたのである。彼らは、ありふれた材料を蒸留、凝結、昇華して作った飲み薬や煎じ薬によって、その自然現象を促進することができると信じた。このような方法で鉛を金に変えるなど、現代の目から見ればばかげたことのように思われるかもしれない。[15] だが、つまらない石炭のひとかけらが十分な圧力を加えられるだけで高級ダイアモンドに変じるという誤った考えだって、今なお広く信じられているではないか。それと同じように金属を変貌させる道具として錬金術師が追い求めたのが、「賢者の石」である。この神秘的な物質は、金を創り出せるばかりでなく、末期症状の患者を癒やし、老化現象を逆戻りさせることができると信じられた。

賢者の石を取り出すことができれば、今度はその破片を卑金属とともに鍋に入れて混ぜ合わせ、熱すればよいと錬金術師は信じていた。そうすれば、この溶解合金全体が純粋な金に変じ、鋳塊《ちゅうかい》として売ることができるというわけである。

古代に算出されたある推計によれば、うまく処理できれば、約三〇グラムの賢者の石の破片によって、約七・七トン分の鉛を純金に変えることができるのだという。[16] この魔法の物質は水銀やアンチモンや硫黄から取り出すことができると考える者もいれば、血液や毛髪、あるいは卵から得ようとする者もいた。ブラントが試みたのは、尿だった。

　ブラントは、賢者の石の破片は人間の体内で見つけることができると信じ、それを採取するためには尿を利用すべきだと考えたのである。ブラントは、尿が何かを金に変えること（放尿したときに雪だまりを金色に輝かせるのがせいいっぱいだ）、人間の排泄物に地上で最も貴重な物質の一つが含まれているという直感においては正しかった。その物質とは、生命を与え、生命を維持し、生命を破壊するリンである。ブラントは、桶何杯分もの尿（おそらく家族や友人から集めたものだろう）を沸騰させてようやくリンの発見にいたった。沸騰したあとに残った黒い汚泥をオーブンで焼くと、輝く蒸気が立ち上り、その一部が凝固して謎めいた小石となり、何日もの間暗闇で光り続けたのである。

　ブラントは当初、この発見を自分の胸だけにしまっておいた。これはまだ、金を創り出すという究極の錬金術の目標へのステップにすぎないと考えていたからだ。しかし、この発見をどうにかしようと苦労しても結果が出ないまま数年が過ぎたあとで、そのサンプルを仲間の錬金術師たちに売り始めた。彼らは、一種の見世物として、それをヨーロッパの宮廷に見せびらかしたがっていたのである。しかし、一部の錬金術師は、ブラントがこの光る物質を尿から作り出したと知ると、とうとうその製造法を見破り、独力で小さなかたまりを作り始めた。

　やがてリン（ギリシャ語で「光を運ぶもの」の意）として知られるようになるこの物質の正確な製造法は、数十年にわたって極秘とされた。正しい作り方を知っている人々でさえ、製造に失敗することがよくあった。そして、成功した人はやがて、危険を冒してまで製造する価値はないと考えるようになった。この小石はすぐ爆発して炎になり、実験器具を破壊し、肉体を焼いてしまうほどの熱を持ったからだ。

「もうおしまいにしよう」と、ブラントの秘密の製造法をまねた最初の数人の一人は言っている。「こんなことをやっていると、ひどいことが起こりそうな気がする」[17]

私は、ブラントの魔法を再現して自分でもリン元素を作ってみたくなった。この実験を手伝いたいという大学院生を見つけるのにたいして苦労はなかった。屋外用の三脚プロパンバーナーと巨大な金属製の鍋、産業用サイズの温度計、巨大な保護メガネはもともと手元にあった。すべて七面鳥を料理するときの装備である。学校に通っている子が四人いるし、ビール好きの友人にも事欠かないから、尿を手に入れることも簡単だ。だが、実際に化学の教授に連絡を取ってみると、賢者の石を追い求める錬金術師の試みが科学的にいかにいかがわしいように見えようとも、初期にリン実験を行った人々は、きわめて危険な作業環境でまじめな実験を行っていたのだということがすぐに明らかになった。

人間の尿からリン元素を取り出す方法を順を追って説明した一八世紀の手順書[18]を読んではじめて、自分がやろうとしているのがどれほど大変なことか思い知った。信じがたいほど細かいその手順をごく簡単に要約すると、こういうことだ。まず、「混じりけのない」約七六リットルの尿を数日間発酵させ、「煙突の煤のように黒く凝固する」まで焼く。それから、一・四キログラムほどのそのかたまりを鉄鍋に入れ、黒い鉄鍋が赤く輝き、かたまりが煙を出すのをやめて甘く香るまで熱する。

それから水と砂、木炭を混ぜて入れ、その汚泥をセラミック容器でおよそ二四時間にわたって白熱状態になるほどの高温で焼く。この過程の終わり近くでは、ほぼ一分ごとに溶鉱炉に木炭を加えなければならない。さらにいくつかの手順を踏んだあとに残されるのが、リン元素の蠟質のかたまりである。

これを再現しようとする試みがいかにばかげたことであるかは、ジョンズ・ホプキンス大学のローレンス・プリンチーペ教授が明らかにしてくれた。化学と歴史学の博士号を持つ教授自身、初期の錬金術師の実験を再現したことがあった。ブラントのリン製造を再現したいのだが、何かアドバイスをくれないかとお願いしたところ、そのメールの返事は心のこもったものであると同時に、厳しい内容だった。

おお、大変ですよ！　尿のリン酸塩をリンに還元するには、赤熱状態にしなければなりませんが、現代のガラス製品はこの作業に耐えられません。ブラントたちが使ったのは炻器《せっき》製のレトルトですが、これはもう製造されていません。それに、その問題が解決したとしても、リンの白い蒸気を凝固させるという難題が控えています。この過程で、実験器具が爆発して白熱の球になってしまうこと請け合いです。一八世紀の人々、そして一七世紀にも少数の人がこれをやりとげたことは事実ですが、完全な成功を収めることはまれで、重傷を負ったり、時には命を落とすことさえありました。この作業を成功させることができたのは一握りの人々だけで、そういった人々も、たいていは、「熟練」者がまずこの作業を行うのを見ていました。私も昔の実験を再現するのが好きですが、この実験はパスしたいですね（実はずいぶん前に一度やってみたことがありますが、成功しませんでした）。

ブラントの発見から数十年の間、リンは、暗闇で氷のように冷たい魅惑的な光を放って王や宮廷人を驚嘆させる珍奇品にとどまっていた。リンはどんな物質も金に変えることはできなかったが、科学者たちはやがて、薬として売ることでリンをお金に換えるようになった。不能者を勃起させ、結核患者の細菌に侵された肺を癒やし、癲癇《てんかん》の発作を抑え、虫歯の痛みをやわらげ、鬱《うつ》状態の人々の気持ちを明るくしてくれる万能薬として喧伝されたのである。最終的には、科学的調査により、リン元素にこのような効果はないことが明らかになる。

しかし、ブラントの発見から一世紀ほど経ったころ、科学者たちはようやく、リンに関して最も驚くべきことは、実験場で上がる激しい炎ではないことに気づき始めた。彼らは、耕作地にリンがないときに何が起こるかに気づいたのだ――つまり、何も起こらないということに。

# 2章　壊れた生命の輪

一七世紀初頭、化学者の草分けであるヤン・バプティスタ・ファン・ヘルモントは、植物の生長に関する驚くほど単純な実験を行った。当時、多くの人々は、植物は生えている土壌によって生み出されるものだと考えていた。つまり、植物はローム質の土壌中の物質を実際に根や茎、種へと変身させていると考えられていたのである。これが真実であるかどうかを確かめるため、ファン・ヘルモントは、ごみ入れほどの大きさの土器にオーブンで焼いた土をきっかり二〇〇ポンド（一ポンドは約四五四グラム）入れた。そこに水を撒き、五ポンドの柳の苗木を植えて、その生長を観察した。撒く水は、見つけられるかぎり最も純粋なもの――雨水か蒸留水にした。鉢に「ごみ」が入り込まないよう、できるかぎり入念に覆いをつけた。

五年後に鉢から取り出された木は、一六九ポンド三オンス（一オンスは約二六グラム）になっていた。ファン・ヘルモントは、鉢の土を乾燥させ、立派な若木に生長した木がどれくらい土を消費したか確認した。結果はどうだったか？「最初の二〇〇ポンドに約二オンス足りないだけだった」と、ファン・ヘルモントは死後の一六四八年に出版された論文に記している。ヘルモントはこう結論づけた。「したがって、一六四ポンド分の木質部、樹皮、根は水だけから生まれたものなのだ」

ファン・ヘルモントは、植物が大気中から炭素を取り出して自らの質量に加える光合成のはたらきを理解していなかったから、実験中に失われたらしい二オンスの土にはあまり注意を払わなかったにちがいない。しかし、この失われた二オンス、つまり五七グラムには、木が消費した炭素と水と同じくらい木の生長にとって重要なものが含まれていることが、のちに明らかになったのである。土壌《ソイル》と土砂《ダート》は同じ意味で使われることが多いが、土砂は砂や沈泥、粘土が混じり合った無機物で、月面の物質同様、生命を持たない。一方、土壌には土砂と同じ物質も含まれているが、それ以上のものが含まれている。土壌自体が生態系として機能しており、菌類や細菌類が大量に棲息し、虫も這い回っているのだ。肥料となる成分も多量に含まれているため、この地下の宇宙は繁栄し、草の葉の一片から空高く突き出たセコイアの木にいたるまで、あらゆる緑樹が暗闇から顔を出せるのである。

土壌は破壊されることもある。生命に不可欠な肥料成分が長期間吸い取られると、土砂同様、死んでしまうこともあるのだ。人類の文明が生じる前には、このようなことはめったに起こらなかった。植物が土壌の一角から奪った肥料成分は、その植物が死んで腐敗すると元の土壌に戻されたからである。植物が草食動物の口に捕らえられて遠回りすることはあっても、結局は肥やしの形で土壌に還元されることになった。

何百万年もの間、遊牧民やその先祖たちは、この生命の好循環の中で生きてきた。植物（あるいは植物を食べた動物）を消費することによって必要なものを土壌から奪い、排泄物や不要なものの廃棄、そして最終的には自らが朽ち果てることでそれを土壌に還元していたのである。こういったことがすべて変わり始めたのは、農業が行われるようになって都市が誕生し、食物を育てる場所と食べる（そして排泄する）場所が別々になり始めたときだ。この状態が長く続くと、コミュニティを支えてきた土壌から必要な栄養素が奪われ、飢饉が生じるようになった。

人類は結局、土壌、そして自分自身を救う手段を発見した。自分たちが耕した土地に腐敗物を戻したのだ。原始人がこの方法で生命の循環を修正したさまを思い描くのは難しくない。地上のあらゆる人々は、動物（人間も含む）が排泄したり死んだりすると、その周りで植物が繁茂することに気づいたにちがいない。それはおそらく、家畜を飼う習慣が始まった一万年前ごろのことだろう。ホメロスの『オデュッセイア』には、オデュッセウスの飼い犬アルゴスが、疲れはててラバの糞の山の上で横たわる描写がある。この糞の山は、農場労働者が田畑に撒くために高く積み上げたものだ。

しかし、一八世紀後半、産業革命初期にヨーロッパの人口が爆発的に増加し始めると、酷使された土壌の生産性を保つための動物の肥やしが足りなくなった。イングランドはとりわけ苦境に陥った。一九世紀前半に人口が倍増して一五〇〇万人になり、一九〇〇年までにさらに倍増したのである。これほどの人口増加に国土の耕作可能な土地の面積が追いつくはずもなく、イングランドは既存の田畑から無理してしぼり出すほかなかった。

このため、イギリスの農学者たちは、糞以外の肥料源を求めざるをえなかった。一九世紀初頭には、動物の骨を利用してナイフの柄やボタンを製造していた工場から出る削りくずが肥料として特に人気を博し、その人気ゆえにやがてイングランドから牛の骨がなくなってしまったほどである。

こうして、イギリスは入ってはならない領域に足を踏み入れることになるのである。

ワーテルローの戦いはおよそ一〇時間続いたが、その間に五万人近くの死傷者が出た。一秒に一人以上の計算である。

しかし、皇太子が（肩を）負傷した現場を記念する約四〇メートルの高さの小山と、その上に立つ巨大な鉄製のライオン以外、今日のワーテルローには一八一五年に行われた戦いのあとはほとんど残っていない。今では、波打つ小麦畑と、何列も一直線に並ぶレタス畑があるばかりだ。私が訪れたのは二〇一九年の暮れだったが、そのときは収穫されたばかりのサトウダイコンが山と積まれていた。

泥だらけのダンプカーが、黄金色に輝くサトウダイコンの山を積み込んでいたが、不気味なことに、その山の大きさ、色、そして形は長い間埋まっていた人間の頭蓋骨を思わせるものだった。荷積み作業の休憩時間に、私はダンプカーの作業員に近づいて質問した。作業員は英語を話せなかったので（そして私はフラマン語もフランス語もドイツ語も話せなかったので）、私は携帯電話を取り出し、「骨を見つけましたか」とフランス語で尋ねるためにグーグル翻訳に入力した。

彼は目を細めて私の携帯の画面を見つめたが、突然無表情になった。「いや」と彼はつぶやいて首を横に振り、ダンプカーの窓から腕を突き出してすばやく携帯を私の手に戻した。「いや！」

おかしな質問ではなかった。戦場の史跡の案内所では頭蓋骨がいくつか展示されているのを見ることができる。しかし、一二年にわたってヨーロッパを巻き込んだナポレオン戦争にウェリントン公爵率いる軍が決着をつけたあと、数十年にわたって調査員たちが戦場を調査したが、以来今日にいたるまで人間の遺体はほかにほとんど回収されていないのだ。

イギリスの歴史家、作家のガレス・グローヴァーは、「二世紀の間、あの戦場からは約一平方メートル四方の箱一つ分の骨しか出てきていないんですよ」[2]と語ってくれた。

では、一八一五年の六月、豪雨後のぬかるんだワーテルローの戦場に倒れた何千という男たちの遺体はどうなったのだろうか。

ナポレオン戦争では戦場で略奪が悪化していった。マスケット銃や大砲の最後の弾がまだ頭上でうなりをあげているときに早くも略奪が始まり、武器やコイン、そして、死傷した兵士のポケットから引っ張り出せるあらゆるものが奪われていった。

その次は、制服、バッジ、ベルト、ブーツだ。兵士の頭から毛髪が刈り取られ、それがかつら製造業の市場で売られることもあったが、死体からの略奪はこれにとどまらなかった。一九世紀初頭のヨーロッパでは虫歯が蔓延したため、死体の歯から義歯を作る歯医者も出てきた。ワーテルローのような戦場では特に収穫が多かった。「ドナー」のほとんどが若者だったため、歯のエナメル質が砂糖でむしばまれておらず、タバコで汚れてもいなかったからだ。ある死体あさり人は、ロンドンの義歯の市場の高い需要に応えるだけの門歯、小臼歯、犬歯、大臼歯をどうやったら見つけられるのかと尋ねられたとき、こう答えた。「だんなさん、戦争が起これば歯の不足もなくなりますさ。殺《や》られたらすぐにそいつのもとに飛んでいって、歯を抜き取るってわけです」[3]

しかし、戦場の死体あさり人が真におぞましい略奪を始めたのは、ワーテルローの地に最後の兵士が倒れて何年も経ってからのことだ。戦後数年が経つと、イングランドの小麦やキャベツ、家畜に食べさせるカブを育てるための肥料の一部は、家畜の尻から出てきたものでも、牛の骨に由来するものでもないという新聞記事がちらほら出始めた。

　イングランドのある新聞は、一八一九年五月、リンカンシャーのグリムズビーに、貨物倉を骨でいっぱいにした船が何隻か入港した、と報じた。これ自体は珍しいことではない。尋常でないのは、骨に混じって棺桶の木材の破片が入っていることだった。「解剖学に詳しい人々は、骨の多くは人間のものだと公言してはばからなかった」と記事は報じている。[4]

　一八二二年には、「生ける兵士」としか正体を明かしていない筆者がロンドンの『モーニング・ポスト』に寄稿し、毎年三万五〇〇〇キロリットル以上の人間の骨（その多くが戦死した兵士のものだ）がロンドンに輸入されている、と主張している。ヨーロッパ大陸から大量の遺体が定期的に到着するため、この輸入品を処理する目的で、最近イングランド東部に特別な「骨粉砕」工場が開設されたという。「死んだ兵士がきわめて貴重な商品であることは、大規模に肥料として使用されることで、疑いの余地なく証明されている。おそらく、ヨークシャーの立派な農場主のほとんどが生計を立てられるのは、自分たちの子供の骨のおかげなのだ」[5]

　一八二〇年代末には、イングランドで少なくとも三つの骨粉砕工場が稼働し、農場主は一エーカーにつき三五〇リットルから七〇〇リットルの骨を撒いていた。当時の農業専門家たちは、この習慣が作物生産量の奇跡的な増加を引き起こしたと述べている。[6] 大半の骨は砕かれて粉末にされたが、肥料としての効果をすばやく引き出すにはこれが最善の方法であると農場主は学んだのである。骨を剝《は》いで細片にすることもあったが、この場合、作物生産の増加率はやや落ちたものの、その効き目は長持ちした。骨がそのままの状態で作物の周りに撒かれることもあったが、これは、現代の「ミラクル・グロー」ブランドの白い棒状の肥料、プラント・フード・スパイクを先取りするものと言えるかもしれない。

この時点では、骨がカブや小麦の生長促進になぜ、どのように役立っているのか正確に知る者は一人もいなかった。しかし、骨が一九世紀イングランドの人口爆発を支える一助となっていることについては、あらゆる人の意見が一致していた。「今や何千エーカーの土地が耕作され、大量の作物を生産しているが、骨の肥料の助けがなければ、この土地はこれまでどおりウサギの巣穴のままだったか、飢えかけた少数の羊にわずかながらの食物を提供する程度の役にしか立たなかっただろう」と、レスターの『クロニクル』は一八三九年に報じている。[7]

しかし、一八六〇年代には、イギリス人は人口を維持するだけの死体を見つける——発掘する——ことが難しくなりつつあった。幸運にもこのとき、地球の反対側で、世界で最も有名な探検家の一人が新たな肥料源を見つけていたのである。

フリードリヒ・ヴィルヘルム・ハインリヒ・アレクサンダー・フォン・フンボルト男爵は、一七六九年九月一四日、ベルリンの高貴なプロイセン貴族のもとに生まれた。ウェリントン公爵がダブリンのアングロ・アイリッシュの貴族の家に生まれた四カ月半後、(伝説によれば)レティツィア・ボナパルトがコルシカの自宅の居間のぼろぼろのじゅうたんの上でナポレオンを出産してから一カ月後のことである。

フンボルトの父はプロイセン軍の将校だった。フンボルト家を知っている者にとっては、息子が父の範に倣っていつか戦場へ赴くことになるというのは当然のなりゆきに思われた。そのフンボルト家を知っている者の中には、フリードリヒ大王も含まれていた。ある日、フンボルト家を訪れた大王は、一家の私有地の広々とした芝地に立つ菩提樹の木の陰で家庭教師と勉強をしているアレクサンダーに行き会った。

「名前は？」と王は尋ねた。「アレクサンダー・フォン・フンボルトです、王様」と八歳の子供は答えた。

「アレクサンダーか」と王は答えた。「美しい名前だ。たしか、同じ名前で地球を征服した男がいたな。征服者になりたいか？」[8]

「はい、王様」と、一九世紀で最も有名な科学者の一人になる少年は答えた。「でも、頭脳でそうなりたいです」

フンボルトは長じて探検家、そして博物学者として名を成した。生涯のほとんどを、植物学、動物学、海洋学、地質学、気候学、気象学、鉱物学といった新しく生まれた学問分野を統合することに捧げた。現代であれば全部まとめて生態学と呼ばれたことだろう。

一九世紀初頭に五年にわたって南北アメリカに遠征して調査した経験を活かして、フンボルトは世界を取り巻く生命がより合わせる「網のように複雑な織物」[9]をきわめて明確に説明することができた。ある同時代人の博物学者は、フンボルトを「有史以来最も偉大な科学的な旅行者」と呼んだ。[10]

その博物学者の名はチャールズ・ダーウィンである。

牛ヒレ肉をパイ生地で包んで焼いた料理には、ウェリントン公爵にちなんで「ビーフ・ウェリントン」の名がつけられている。身長が約一六八センチメートルしかなかったナポレオンは、身長が低いことに対する「ナポレオン・コンプレックス」を後世に残した。では、フンボルトはどうだろうか。今日では、生物世界だけでも、フンボルト・マッシュルームを摘むことができるし、フンボルト・サボテンのトゲが刺さることもあるし、フンボルト・ランを育てることもできるし、フンボルト・ユリの絵を描くこともできる。ウサギコウモリ、サル、イルカ、ペンギン、ブタバナスカンク、これらすべての動物種にフンボルトの名が冠されている。

そして巨大フンボルト・イカもいる。このイカは、（少なくとも現代農業の発展にとっては）フンボルトの行った最も重要な発見と言われるフンボルト海流を泳いでいる。フンボルト率いる探検隊は、栄養素に富んだ、魚が大量に棲息する巨大な海流に乗って南米西岸を漂い、一八〇二年、ペルー沖で砂漠のように乾燥した島々にたどり着いた。フンボルトは、この地域がなぜこれほど乾燥しているのか不思議に思った。冬はいつも霧がかかっており、今にも雨が降りそうなのに、一滴の雨も降ってこないのだ。

フンボルトはペルーのピスコ沖のある島に向けて出航した。この島には植物こそ生えていなかったが、アジサシやカモメ、ペリカン、ウなど、魚を主食とする鳥が大量に棲息していた。なんでもかんでも記録しないと気がすまないフンボルトは、つかまえたウが一日どのくらい糞をするか書き留めた。約一四〇グラムだった。これらの小さなペルーの島々の一つの島だけで、推定五〇〇〇万羽の海鳥が巣を作り、[11]その消化管を一日におよそ九〇〇〇トン分の魚が通っていった。地上のほとんどの島であれば、その結果生まれる「廃棄物」は定期的に降る雨によって海へ流されたことだろう。しかし、ペルーではそうではなかった。アンデス山脈が湿気を吸い取るため、これらの水分が海岸で凝結して雨として降ることがないのだ。[12]その結果、島々の鳥の糞は何千年もかけて堆積し、一部は三〇メートル以上の高さにもなるチョークのような糞の小山を形成するにいたったのである。

　コロンブスがアメリカ大陸に到達するはるか前から、南米人はこれらの「鳥糞石《グアノ》の島」を農業肥料のきわめて重要な資源と認識していた。インカ族はグアノを生産する鳥の生命を貴重なものと考え、一部の記録によると、これらの鳥を捕らえようとした者は全員死刑になったという。

　一六世紀にはスペインから来た侵略者たちが容赦なくインカ帝国を破壊し、運河や貯水池、耕作台地、グアノのネットワークによって複雑できわめて生産的なシステムが構築されていた農業経済も破壊された。しかし、それから二世紀以上経ってフンボルトが訪れたとき、まだグアノは十分残っており、太平洋岸の地元の農場主たちが利用していた。フンボルトは、ヨーロッパの農場主もこの利益にあずかれるのではないかと考えた。

　同船者たちから臭くてかなわないという抗議を受けたものの、フンボルトは乾燥した鳥の糞を持ち帰り、これが大西洋の反対側でも同じような奇跡を起こすことができるか確認しようとした。

　フンボルトが一七九九年から一八〇四年の南米遠征で行ったさまざまな発見のうわさはヨーロッパ中にあまねく広まり、帰国するころにはフンボルトはすっかり有名人になっていた。テュイルリー宮殿の庭園でナポレオンに拝謁することになったほどだ。しかし、ヨーロッパで最も有名な軍人は、有名な探検家にそれほど感銘を受けなかったらしい。「植物を集めているそうだな？」とナポレオンは尋ねた。フンボルトは、はい、と答えた。ナポレオンは肩をすくめ、歩き去る前にあざけるようにこう言った。「妻も同じことをしている」[13]

フンボルトの小規模なグアノの実験は有望な結果を出したが、南米以外でグアノを肥料として用いた田畑レベルの大規模な最初の実験の一つ（本当の「最初」ではないかもしれないが）は、一八〇九年、南大西洋のあるイギリス領の小島で行われたものである。ヨーロッパのグアノの実験に通じていたこの島の統治者は、地元で採取した鳥の糞でも、火山岩から成る不毛な土地に育つジャガイモやビートの収穫高を同じように上げることができるかどうか確かめたいと思った。ある区画にはグアノを肥料として用い、別の区画には馬の糞を、さらに別の区画には豚の肥やしを撒いた。グアノの肥料を用いた区画が抜群の成績を示し、この島はやがて土地本来の二倍の農業生産高を上げることになった。[14]

これは風吹きすさぶこのセント・ヘレナ島のあらゆる人々にとってよい知らせだった。そしてこの島に、一八一五年一〇月、夜の闇にまぎれてイギリス王室の船から小柄な中年男が降り立った。男は、バルカムという一家が所有する小屋のようにみすぼらしい建物へと向かったが、ここはウェリントン公爵自身がかつて住んだ場所でもあった。

ウェリントンは、数年前、インドから帰国する際に一時的にこの島に滞在しただけだったが、ここに新たに住むことになった男、つまりナポレオンは、残りの人生のすべて、二〇二七日[15]を、イギリスの捕虜としてセント・ヘレナ島で過ごすことになった。つい数カ月前にこの小柄な将軍を戦場で打ち負かした公爵にとっては大満足の結果だった。

一八一六年、ウェリントンは、追放の身のナポレオンの警護の任に当たっていたセント・ヘレナ島の友人にこう書き送っている。「ボニー（ボナパルトの愛称）に、エリゼ・ブルボンのアパートはとても居心地がいいと伝えてくれたまえ。私がかつて過ごしたバルカム家を彼が気に入ってくれるといいんだが」[16]

セント・ヘレナ島に端を発するヨーロッパの肥料革命が東進して大西洋を渡るには、約三〇年を要した。これほど時間がかかった原因の一つは、船がイギリス・南米西岸間を往復してこの肥料を持ち帰るのに八カ月近くかかったことである。もう一つの原因は、一九世紀のペルー人がきわめて高価な自然資源を大急ぎで売る必要性を感じていなかったことだ。

とはいえ、一八二〇年代から三〇年代にかけて、ペルーのグアノは、間隔を置きながらも絶えずイングランドに到着し、作物の生長に役立つことをはっきりと示し続けた。イングランドの農場主が動物の骨と戦場の人間の骨を使いはたしつつあり、イングランド都市部の人口の急速な増加のため飢饉の不安が大きくなる中、ペルー政府は、一八四〇年、ついにヨーロッパの企業家と取引を成立させ、大西洋にグアノを載せた定期船を走らせることにした。

翌一八四一年には、約二七〇〇トンの南米の海鳥の糞がイギリスに到着した。その翌年には一万八〇〇〇トン以上が輸入された。貿易が始まってわずか五年後には、何百隻もの船が南米西岸とイギリスを往来し、毎年約二七万トンのグアノを運搬することになったのである。[17]

ペルーのグアノの多くは、リンだけでなく、窒素とカリウムも豊富に含んでいた。これらは現在では肥料の三要素として知られている。南米のグアノの堆積物には、今日店で買うことのできる化学肥料とほとんど同じ割合の窒素、リン、カリウムを含むものもあった。

これはつまり、グアノはリンを豊富に含む骨の代替品であるにとどまらず、その進化版だったということだ。グアノ貿易が始まって二年目に、リヴァプールの『マーキュリー』は、イギリスの「酷使されて衰弱した土壌」へのグアノの影響は「魔法」以外のなにものでもない、と結論づけている。[18]当時の推計では、グアノを一ポンド（約四五四グラム）輸入すれば、小麦を八ポンド（約三・六キログラム）輸入したに等しいとされた。

当時のある雑誌には次のような記事が載っている。「鳥は、ひとつの作業をこなすようにみごとに設計された化学実験場だ……食物として魚を捕らえ、呼吸機能によって炭素を燃やし、残余物を貴重きわまりない肥料という形で排出するのだ[19]」

しかし、鳥の消化管には小さな毒薬製造工場と言ってもよい側面もあった。イングランドのある医師の一八四五年の診断報告によれば、ある農場主がグアノの積み荷を取りに町へ行ったものの、急いで帰宅したところ、その袋の中が苛性の粉末でいっぱいになってしまったという。医師はこう記している。「その農場主は、何袋かの端をそれぞれ口にくわえたが、グアノはとても乾燥しており、粉末の一部がのどの奥へと入っていくのが感じられた[20]」。農場主はまもなくコップ数杯分の血を吐いて亡くなった。

この農場主を診断した医師は、グアノを使用する人々に対し、チョークの粉のような物質を吸い込まないように気をつけるべきだと注意喚起しているが、ペルーのグアノ採掘者たちにはそれを防ぐ手立てはなかった。

当然のことだが、ペルーの商人たちは、イギリス人が要求する規模で、グアノ採掘というつらくて危険な仕事を行う地元人を見つけるのに苦労した。当初は囚人たちが雇われたが、今か今かと待つ船のグアノの貨物倉を満たすには人数が足りなかった。奴隷所有者のほうでも、そんな危ない仕事をさせて自分たちの「財産」を失う危険を冒そうとはしなかった。

グアノ採掘管理者たちが最後に頼ったのは、軽蔑的に「クーリー」と呼ばれた中国人労働者だった。戦争で荒廃した祖国を離れることを願う中国人の若者たちは、南北アメリカへ渡るのと引き換えに、強制労働を受け入れたのだった。その中で最も幸運な者は、アメリカ合衆国や中南米にたどり着き、料理人やパン焼き職人、庭師、金鉱労働者の職を得ることができた。それほど運のよくない者は、鉄道で、あるいはプランテーション労働者として重労働を行うことになった。最も運のない者は、グアノが堆積する島々に行くはめになった。

記録によれば、一八六〇年から一八六三年の間に中国からペルーへ渡った七八八四人の中国人のうち、約二四〇〇人が太平洋横断中の船上で命を落としたが、これは三〇パーセント以上の死亡率である。[21] しかし、船旅は苦しい道のりの序章にすぎなかった。一八四九年から一八七四年のグアノ貿易のピーク時には、推計一〇万人もの労働者がペルーに輸送されたという。[22] その全員がグアノの採掘に従事したわけではないが、この作業にあたった人々は、絶えず鞭打ちの脅威におびえながら働き、多くの者が命を落とした。

有毒な塵によって死に至る者もいれば、疲労によって命を落とす者もいた。脱走を図って殺される者もいた。自ら命を絶つ者も多かった。約五〇人の採掘者が手をつないで、グアノの山から飛び降りて自殺したという話を詳しく報じた新聞記事もある。[23]

ペルーの島々で繰り広げられているおぞましい出来事は、『ニューヨーク・タイムズ』や『マンチェスター・タイムズ』などの新聞で報じられたが、だからといって南米のグアノ堆積地で発掘のスピードが鈍ることはなかった。広大なグアノ堆積地はほとんど無尽蔵であるように思われた。一九世紀半ばには、アメリカ合衆国やヨーロッパ大陸の農場主も南米のグアノに頼るようになったが、ペルーの島々にあるグアノだけでも、二一世紀に入ってもしばらくはもつだろう、と予測する者もいた。ペルー以外にもグアノが堆積する島々があるのだから、南米のグアノの供給は実質上「無限」だ、と言う者もいた。[24]

その予測とは裏腹に、ペルーの堆積地は、何世紀という単位ではなく、数十年という単位で尽きてしまった。ペルーは一八四〇年から一八八〇年の間に約一三〇〇万トンのグアノを輸出し、[25] 一八九〇年にはほぼ掘りつくされたのである。

ペルーの糞ラッシュのピーク時に現場で働いた経験を持つ者は、生きているうちにその終わりを見ることになろうとは、と呆然とした。

「二〇年前にはじめて［島々を］見たときには、堂々としていて、頂上は茶色で、高さもあり、直立して、まるで生き物のように海から顔を出していた。空の光を反射するか、青い海に熱帯の太陽がやわらかく優しい影を投げかけていた」と、ある発掘技師は一九世紀後半に記している。「今では、その同じ島が、頭部を切り取られた生物、もしくは巨大な棺のように見える。簡単に言えば、死や墓を思い起こさせるものになっていたのだ[26]」

一九世紀半ばにグアノ貿易が爆発的に増加する中にあっても、イングランドの多くの農場主は、より安価で手に入れやすい骨も利用し続けた。しかし骨には問題もあった。イングランド内において、奇跡的と思えるほど作物の生長を促進する地域があるかと思えば、そうならない地域もあったのだ。このため、当時の化学者たちは、骨の中で肥料として効果を上げる成分は何なのかを解明しようとし始めた。

そのような化学者の一人がジョン・ローズだった。ローズは裕福な家に生まれ、イングランドのエリート校、イートン校のプレップスクールで学んだが、「学んだことと言えば、罰［の逃れ方］だけだった」と誇らしげに語っている。オックスフォードでも同様に勉学には身を入れず[27]、卒業後に帰郷すると、ロンドン北部の一家の地所で農場主として腕試しをしようと思い立った。ギリシャ語やラテン語、文学や芸術、哲学や数学の才能はなかったようだが、化学には素人なりに興味を持っていたのである。イングランドの他の地域の農場では骨がすばらしい成果を出しているにもかかわらず、このあたりの土壌はなぜ骨の肥料を使っても収穫量が増えないのか、という問題を解明する実験を行うよう隣人に提案され、ローズは化学物質が収穫量を増やすしくみについて研究し始めた。

納屋を実験室に改装して試行錯誤を重ねるうちにわかってきたのは、近隣の土壌には、骨が肥料としての力を発揮するために必要な自然の酸度、そしてある種の岩石が不足しているということだった。ローズは、一八三〇年代の実験で、これらの物質を硫酸と混ぜ合わせ、その混合物を鉢で育てているキャベツに撒くことにより、すばらしい結果を出してこのことを実証したのだった。

ローズは一八四〇年代までに実験を田畑全体に広げた。規模が大きければ大きいほどよいと考えたのだ。彼は実験結果を科学雑誌に掲載して示すだけでは満足しなかった。実際の効果を隣人たちに見てほしいと思ったのである。

「ローズが大規模な実験を望んだのは、肥料の効果を他の農場主にも実証してみせて、自分たちの田畑でもうまくいくとわからせたいからでした」と、二〇一九年一一月のある曇天の午後、退職した土壌学者のポール・ポールトンは、ローズが二〇〇年近く前に実験した田畑に沿って切り開かれた轍《わだち》のついた道路を泥だらけの黒のフォード・フォーカスでガタゴト走りながら語ってくれた。

ローズは一八四二年にこの酸性の骨の混合物の特許を取り、その製品に「過リン酸塩」というブランド名をつけた。この先駆的な化学肥料で大儲けしたローズは、巨大な農業試験場として利用できるよう、自分の地所を寄付した。これは、現在では「ロザムステッド試験場」の名で知られ、世界最古の現役農業実験場になっている。それは、集約農業地を何十年、何世紀と肥沃に保つ化学物質の力を示す驚異的な記念碑と言ってもよいだろう。肥料研究の成果を実地に応用した成果は驚くべきものだった。ある研究によれば、一八四〇年から一八八〇年の間に、イングランドの穀物の平均生産量はほぼ倍増したという。[28]

ローズが化学的に増強した骨によって自分の田畑で魔法のような効果を出し始めているとき、実験場で試行錯誤を繰り返すライバル科学者たちもまた、同じ方向に向かいつつあった。その中には、ドイツのユストゥス・フォン・リービッヒもいた。リービッヒは、骨に酸を混ぜ合わせて肥料としての力を増強することに関して、ローズと同じ結論に達していた。しかし、リービッヒが作業を行ったのは、田畑ではなく、実験室だった。

多くの人によって有機化学の創始者と考えられているリービッヒは、植物を燃やすことにより、植物が炭素と酸素、水、窒素を放出していることを発見した——これら四つの元素は、すべて大気と水の中に豊富に存在するものだ。[29] リービッヒはまた、植物を燃やした灰の中から、他の元素とともに、リンとカリウムも取り出した。この研究をもとに、一八四〇年、リービッヒは、のちに無機栄養説として知られることになる理論を発表した。これは、肥料はかつて生きていたものから作り出す必要はないと主張したものだった。原料そのもの——つまり、生命を持たない元素から始めてもいいのだ。化学肥料革命の夜が明けつつあった。

ハムとチーズのサンドイッチを五つ作りたかったら、一〇枚のパンに五枚のハム、五枚のスライスチーズが必要だろう。パンが八枚しかなければ、ハムとチーズのサンドイッチは四つしか作れない。ハムが二枚しかなければ、ハムとチーズのサンドイッチは二つしか作れない。そしてパンが一枚もなければ、ハムとチーズが何枚あろうと、ハムとチーズのサンドイッチは一つも作れない。

これはもちろん誰が考えてもわかることだが、この「限定要因の法則」は、リービッヒたちが耕作地の肥料に応用し始めたとき、革命的な変化をもたらすことになった。[30] つまり、作物の生育は、植物が必要とする土壌の栄養素（すでに見てきたように、その三要素がリン、窒素、カリウムである）のすべての合計によって制限されるわけではないということだ。作物の生育は、これらの栄養素のうち最も入手しにくいものによって制限されるのである。

今日「最少量の法則」として知られるものを実証したければ、教授は学生たちに水が満杯の木の樽の絵を描かせればよい。樽はたいてい三〇枚の湾曲した側板からできており、樽の上部と下部、真ん中には帯鉄がはめこまれている。もし側板の一枚が樽の最上部に一八センチメートル届かず、もう一枚の樽板が五センチメートル短ければ、最上部から一八センチメートル以上の部分には水を入れることができない。最も短い樽板が限定要因になるからである。もし一八センチメートル短い樽板を修理して最上部まで届くようにすれば、もっと上まで水を入れることができるが、それでも最上部から五センチメートルまでだ。今度は二番目に短かった樽板が樽を満たす際の限定要因になるからである。

最少量の法則は、作物栽培から魔術的な要素を取り除く結果になった。農場主にはもはや、骨や牛の肥やし、グアノ、毛髪、血液、泥灰土といった、試行錯誤の末に作物生産を増加させることが実証された物質自体が必要なわけではないとわかったからだ。必要なのは、これらの自然肥料に含まれる土壌の必須の栄養素、リンと窒素、カリウムなのである。そして、化学の進歩とともに、農学者は、土壌のサンプリングによって植物の栄養素のうち田畑で最も欠如しているのが何であるかを突き止め、作物の生産性を増加させるように補正すればよいのではないかと考えるようになった。

リービッヒは、「現在、熱病や甲状腺腫のために薬が処方されているように」、個々の田畑にそれぞれの肥料の処方箋が書かれる時代が来つつある、とまで言っている。[31]
リービッヒは正しかった。しかし、処方箋を書くのと、それを実行するのはまったく別の話だ。
グアノ貿易が爆発的に増大していた一八五〇年代でさえ、イングランドの農場主は依然として、手に入れられるかぎりの鎖骨、大腿骨、脛骨《けいこつ》、膝蓋骨《しつがいこつ》を輸入していた。この死体あさりは、人間の遺体や猫のミイラを求めてエジプトの遺跡を略奪するまでに激化し、リービッヒを愕然とさせた。「イギリスはあらゆる国々から肥沃な土地の条件を奪っている」とリービッヒは怒り心頭に発して述べている。「ライプツィヒやワーテルロー、クリミア半島の戦場をあさり、シチリア島の地下墓地に何世代にもわたって埋葬された骨を消費している。吸血鬼のようにヨーロッパ、いや、世界の胸にしがみつき、真の必要性もないのに、そしてイギリス自体にとっても永遠の利益になるわけでもないのに、生命の血を吸い取っているのだ。神聖なる万物の秩序をこのように罪深く破壊し続けて、永遠に罰せられないままでいることが許されるなどとは想像できない。金や鉄、石炭が豊富にあるとしても、過去数世紀にわたってむやみに浪費された生命の条件の一〇〇〇分の一すら買い戻すことのできない時代が、ヨーロッパのどの国よりも早く、イギリスに訪れるだろう」[32]
しかし、新たな発見によって骨の肥料は過去のものになりつつあった。一八四二年に化学肥料の特許を取って数年後、ジョン・ローズは特許条件を変更し、その製造法は骨を硫酸と混ぜることに限定されなくなった。この修正によって、特許は基本的に、リンが十分に含まれる可能性のあるあらゆる原料を含むことになり、それはつまり、骨や鳥の糞以外の多くのものが含まれるということだった。

自然界はこれ以後、自然とは呼べないものになっていく。

# 3章　骨から石へ

「無尽蔵の」ペルーのグアノが一九世紀末に枯渇すると、農場主たちは世界中を探し回らねばならなくなったが、求めるべきものは新たなリン資源ばかりではなかった。他の二つの肥料栄養素も視野に入れなければならなかったのである。

カリウムについてはそれほど大きな問題はなかった。大昔に干上がった海洋のあとに残された塩という形で、採掘可能な貯蔵地が現在でも豊富に残っているほどだ。窒素はまた事情が違った。一九世紀には、硝酸塩（窒素と酸素の化合物）という採掘可能な形で蓄積したものが南米の砂漠地帯で採掘されたが、農業に利用できる窒素元素の貯蔵地は世界的に不足していた。

自然界に窒素が不足しているわけではない――なにしろ、私たちが吸っている空気の七八パーセント以上は窒素なのである。問題は、窒素がほとんどの植物にとって利用できない状態で存在しているということだ。水の中に存在する酸素が溺れかけている少年には何の役にも立たないようなものである。

しかし、大気中の窒素を作物が必要とする状態に変換する植物種が存在する――マメ科植物である。エンドウマメやインゲンマメ、ピーナッツ、ヒラマメ、クローバー、その他これらに近い種の植物は、（おおざっぱに言えば）大気中から窒素を取り出し、水素原子と結びつけることができる。したがって、定期的にマメ科植物を植えて、窒素をとりこめない栄養素不足の作物（小麦、米、トウモロコシなど）に供給すれば、田畑を再充電することができるのである。

一九世紀末には、マメ科植物を植えて田畑に窒素を補充することの重要性は農学者たちにも明らかになっていた。しかし、マメ科植物だけでは爆発的に増加する人口を維持するに足る穀物を育てることはできないと焦る気持ちもあった。減り続ける南米のグアノと硝酸塩の貯蔵地に取って代わるものが必要だった。

そこに奇跡のように登場したのが、戦争犯罪人として告発された男だった――ドイツが生み出した最も悪辣な、しかし最も尊敬された科学者の一人である。

フリッツは第一次世界大戦の前線兵士だったが、まったくそれらしいところがなかった。頭は禿《は》げ上がり、眼鏡をかけ、腰回りには肉がつき、塹壕《ざんごう》での動きも鈍かった。おまけにこの男は、戦場では、うなりを上げて向かってくる爆弾や銃弾よりも、頭上のそよ風に気をとられているように見えた。名門大学で学位を取ってはいたものの、軍隊に入ったのは中年になってからで、しかも上級曹長という下士官の身分だった。しかし、一九一五年四月二二日のフランダースの戦場で采配を振ったのはフリッツだった。もっと具体的に言えば、ドイツ軍にお決まりの銃撃作戦をやめさせ、予想もしないような攻撃方法をとらせたのだ。

「美しい日だった」と、フリッツの命令に従ったドイツ兵の一人は後年回想している。「太陽は輝き、草地は燃えるような緑だった。まるでピクニックにでも行くみたいで、これからあんなおそろしいことをしようとは思えなかった」[1]

「あんなおそろしいこと」とは、約五〇〇〇個のガスボンベのバルブをひねって、六キロメートルにわたるベルギーの戦場にゆらゆらと靄《もや》を漂わせることだった。風は連合国軍に向かって吹いており、その点もフリッツは注意深くチェックしていた。緩衝地帯の反対側に陣取る連合国軍は、自分たちのほうへ漂ってくる灰緑色の雲は煙幕で、これから激しい攻撃が始まるのだと思ったが、その雲自体が攻撃だったのだ。それは塩素の雲だった。

「私たちが目撃したのは完全な死だった。生きているものはいなかった。穴から出てきた動物はみな死んだ。ウサギ、モグラ、ネズミの死体がいたるところに転がっていた」と、攻撃に参加したドイツ人兵士は回想している。「フランス軍の陣地にたどり着いても塹壕には人影がなかったが、八〇〇メートルも進むとフランス人兵士の死体がそこらじゅうに転がっていた。信じがたい光景だった。やがてイギリス人兵士の死体も交じっていることに気づいた。息を吸おうと顔やのどをひっかいた跡がはっきり残っていた。銃で自殺した者もいた」

歴史上はじめての本格的な塩素ガス攻撃の犠牲者は、ある推計によれば、死者一万人以上、負傷者七〇〇〇人である。第一次世界大戦終了時には、ドイツ軍と連合国軍双方が行った――とはいえ、最初に口火を切ったのはドイツ軍の化学軍事計画の責任者であったフリッツだ――化学攻撃の被害者数は、両軍合わせて一三〇万人、そのうち死者は最大一〇万人におよんだとされている。[2]

一九一八年に戦争が終わると、フリッツ・ハーバーの名は数カ月のうちにドイツの最も凶悪な戦争犯罪者の一人として世界中に知れ渡った。しかし、同年、彼はまったく異なることで名を成すことになる。なんと、ノーベル賞を受賞したのである。

善悪どちらの名声も、彼の実績にふさわしいと言えるだろう。フリッツの残した遺産ほど、善悪どちらにも利用できるものはほかにないからだ。数多くのドイツ人科学者や技術者が、黒板や実験器具を使って、より大きな爆弾、より高性能の銃、より頑丈な戦車、より速い飛行機を開発しようとしただろうが、フリッツがそういった人々と違うのは、実験用白衣を脱ぎ捨ててぶかぶかの軍服を身にまとい（ドイツ軍独特のあのスパイク付き鉄かぶともかぶって）、戦場での虐殺を自ら指揮したことである。

しかし、何千人もの連合国軍兵士の血で汚れたその同じ手が、無数の市民を飢餓から救うという奇跡を起こし、地球の人口が一九〇〇年の一六億人から現在の七〇億人以上へと爆発的に増加する道を切り開いたのである。では、具体的にフリッツは何の業績によってノーベル賞を受賞したのだろうか。

フリッツ・ハーバーは、大気からパンを作り出す方法を考案したのだ。

一九〇九年七月二日のフリッツの実験によって、世界の窒素肥料不足問題は実質上消え去ったと言ってよい。このとき彼は、通常は取り出すことのできない大気中の窒素（$N^2$）を、肥料として使えるアンモニア（$NH^3$）に変換することで、何千ものマメ科植物の畑と同じ効果を上げることができると証明したのだ。熱ときわめて強い圧力、そして金属触媒を用いることで、メタンから水素原子を引きはがし、それを大気中の窒素と結びつけて肥料を作り出したのである。

一九一三年、同じくドイツ人化学者であったカール・ボッシュが、この過程を産業的なレベルで利用できるほど大規模に行う方法を考案し、フリッツ・ハーバーのきわめて重大な発見はさらに重要性を増すことになった。これは弾薬製造もアンモニアに頼っていた戦時体制のドイツにとっては幸運なタイミングだった。

今日「ハーバー・ボッシュ法」として知られるものは、二〇世紀はじめと同じく、現在でも人類にとって不可欠なものである。いや、その重要性は現在のほうが増していると言ってよいだろう。『ネイチャー・ジオサイエンス』が二〇〇八年に書いているとおり、「人類の約半分は、ハーバー・ボッシュ法で製造された窒素によって生きることが可能になっている[3]」のだ。

しかし、ハーバーの発見によってリービッヒの最少量の法則が無効になったわけではない。なぜなら、この発見はリンの供給の問題を解決したわけではないからだ。このボトルネックは、一九世紀半ば、まったく異なるやりかたで解決された。そしてこれは、他の誰にもまねできない方法で「ハンマーを振り回す」ことのできた女性の貢献によって解決されたのである。

ロンドン自然史博物館のメインホールは、自然界の驚異を明らかにしてくれるだけでなく、イギリスの帝国主義がいかに男性中心的だったかも示してくれる。

ロマネスク様式のホールの大きな正面階段の踊り場には、チャールズ・ダーウィンの大理石像がある。ダーウィンの左側には、もう一人の進化論の父、アルフレッド・ラッセル・ウォレスの肖像画、そして右側には、帽子をかぶって前かがみの姿勢でライフルをかまえたキャプテン・フレデリック・C・セルースの銅像が立っている。セルースは、有名なイギリス人博物学者（好んでライオン狩りを行っていたことでも知られる）で、一九一七年にベホベホの戦いで戦死したが、アメリカ大統領で最も向こう見ずだったセオドア・ルーズベルトの親友でもあり、彼の「義兄弟」と呼ばれることもあるほどだ。洞穴のような博物館のこのホール内には、近くに、伝説上の鳥類学者の（男性の）カップルの青銅のレリーフもある。

一九八一年にエリザベス二世から贈られた創設一〇〇年を記念した銘板を別として、私が訪れた日に博物館内で女性関連で目立つものはひとつしかなかった。それは七階の高さのホールの垂木から姿を現した。巨大なメスのシロナガスクジラの重さ四トンの骨格だ。一八九一年、アイルランド東岸沖で銛《もり》を打ち込まれて殺されたこのクジラの名は、希望《ホープ》という。

車輪のスポークのように延びるホールを奥へと進むと、ようやく、一九世紀の女性博物学者にまつわる事物を見つけることができる。博物館のレストラン「Tレックス・グリル」の反対側に、やぼったい緑の服を着たいかめしい様子の女性の肖像画が飾られているのだ。女性は手にハンマーを握っている。絵のタイトルは、「メアリー・アニング――化石の女」。

一七九九年生まれのアニングが有名になったのは、死後かなり経ってからである。子供の早口言葉「She Sells Sea Shells by the Seashore.（彼女は海岸で貝殻を売っています）」の「彼女」はアニングだとされたため、広く知られるようになった。しかし、彼女の業績は貝殻の販売をはるかに超えるものだった。アニングは比類ない化石発掘者であり、一流の古生物学者（この言葉はまだ生まれていなかったが）であった。卓越した科学史家、進化生物学者のスティーヴン・ジェイ・グールドの言によれば、アニングは「古生物学史上おそらく最も重要な知られざる（あるいは一部でしか知られていない）化石収集者」だった。

アニングは一〇歳にならないうちから、兄のジョーとともに、イングランドの海辺の町ライム・レジス近くの海岸で、岩と時間の中に閉じ込められた海洋生物の死骸を探し回り始めた。だが、絶えず崩壊する崖の下での危険な作業は、遊びの範囲を超えていた。子供たちは少しでも生計の足しになればと必死だったのだ。二人の父は家具職人だったが、もめごとばかり起こす性格もあってその事業はうまくいっていなかった――アニングが生まれた翌年、この父は、「パン一揆」で暴徒を率いて食料不足に抗議したのである。この食料不足はイングランドの穀物不足によって引き起こされたもので、その穀物不足は、少なくとも部分的には、土壌の劣化の影響を受けていた。

一家は生計を立てるため、家具店で化石を売ることにした。子供たちの母はこの事業が気に入らなかったが、古代生物を発掘するメアリー・アニングのすばらしい技能は、家計の足しになったばかりではなかった。一八世紀と一九世紀初頭のイギリスの慢性的な肥料不足を解消する一助になったのだ。ハーバーの発明とあいまって、さらに数十億の人間が地球上で生活できる道を開くことに貢献したのである。

すべての始まりは、子供たちがハンマーで崖から削り取った、大きな歯を持つ獣の巨大な頭部だった。現在は、ロンドン自然史博物館でアニングの肖像画のそばに展示されている。プロゴルフ協会のゴルフバッグほどの大きさのワニのような鼻がついており、歯は葉巻より分厚く、目はディナープレートの大きさである。しかし、脅威を感じさせると同時に独特の魅力を放つこの標本は、ホールの埋め込み式の棚に押し込められているため、レストランに向かう途中で通り過ぎる子供たちの集団には気づかれないままだ。子供たちは、集団ごと呑み込んでしまえるほど大きい実物大のモンスターを肩越しに振り返ることさえしない。

ジョー・アニングは、この岩のような頭蓋骨を発掘しただけで十分満足したようだ。しかし、崖の剝離頁岩《はくりけつがん》を根気強く削り取るよう父から訓練された妹のほうは、翌年、ライム・レジスの労働者たちを率いて、この動物の胴体の発掘に全力を傾けた。

アニングが発掘した（父は、発掘作業が完全に終わる前に、近くの崖から転落したのち、結核を発症して死亡していた）[4]獣はイクチオサウルスと呼ばれているが、これはギリシャ語で「魚のようなトカゲ」の意味である。イルカとワニの交配種のような見た目のこの爬虫類《はちゅうるい》は、体長二四メートル以上にもなり、水中をモーターボートのような速度で移動したという。

クジラ同様、イクチオサウルスは陸生動物から派生した空気呼吸をする動物で、どういうわけか、深呼吸をしては海へ戻ることを繰り返していた。また、シャチ同様、イクチオサウルスの腹部は輝いているといっていいほど白いが、背はそれよりはるかに暗く、いかにも下方から攻撃をしかける動物らしい配色を持っていた。

アニングはそれ以後も海洋生物の遺骸を発見し、博物館や観光客に売り続けたが、あるとき、完全な状態で残っている標本を発掘した。その標本からは、化石化した消化管内で糞が化石化したのではないかと思われるものが見つかった。そのかたまりは、ロシアのマトリョーシカ人形のように、内部にさらに化石を含んでいるようにも見える。ハンマーで割ってみると、中には化石化した魚の骨やうろこが詰まっていた。

アニングは正式な科学教育を受けたわけではなかったが、当時ようやく形を成しつつあったイングランドの博物学界で名を知られるようになった。ただし、アニングに教養がなかったということではない。彼女の作業を観察しにやってくる科学者たちが見せてくれる研究論文を書き写して、独学していたのである。細部が精妙に描かれた挿絵までも書き写していた。一八二四年、ライム・レジスでまだ二〇代半ばのアニングに会ったある著名なロンドン市民はこう書き記している。

「この若い女性がきわだってすばらしいのは、古生物学に大変通じているため、見つけたどんな骨でも、すぐにどの種に属するものかわかってしまうことである。彼女は骨をセメントでフレームに固定してスケッチし、それを版画に刷ってもらう。この貧しく無知な少女がこのような才能にめぐまれているのは、神の配慮によるものだとしか考えられない。研究論文を読んだり、実地に試したりすることによって、この話題について教授や他の学識ある人々と手紙のやりとりをしたり話し合ったりできるほどの知識を身につけたのだ。相手となる人々もみな、彼女が学界の他の誰よりもこの分野に通じていると認めている」[5]

そういうわけで、絶滅した海洋生物が食べたものの証拠を見つけたとアニングが結論づけたとき、当時の学識ある人々はきちんと耳を傾けたのである。

地質学者の草分け、オックスフォード大学のウィリアム・バックランドは、アニングとともに発掘作業を行い、彼女の「技能と勤勉さ」をたたえたが、イクチオサウルスをはじめとする古代の海洋生物の死骸の中からよく発見される松ぼっくりのような形の石は、実は化石化した糞便だと主張する（アニングの発見によって裏づけられた）論文をロンドン地質学会に提出した。こうして、一八二〇年代後半には化石化した糞という概念が一般に知られるようになった。バックランドはこの石のようなかたまりを「糞石（coprolite）」と名づけた。これは、「糞」を意味するkoprosと「石」を意味するlithosというギリシャ語を組み合わせたものである。バックランドの説によれば、糞石が見つかるのは化石化した海洋生物の胃の中だけではなかった。イングランドの海岸地域では何トンもの糞石が単独で見つかり、「地面に撒き散らされたジャガイモのように」散らばっていたのである。[6]

バックランドは、この地面に散らばるかたまりを、どこにでも見られるありふれた糞のようなものだと言っている。

「これらの大部分は、長さ五センチメートルから一〇センチメートル、直径二・五センチメートルから五センチメートルである。数は少ないが、これよりはるかに大きいものもあり、それは当然、最も巨大なイクチオサウルスから排出されたものということになる……半液体の状態で排泄されたかのように、扁平ではっきりした形をとっていないものもある」とバックランドは記している。「色はたいてい灰白色で、黒色が混じっているものもあるし、時には真っ黒なものもある。土が凝縮された質感で、固まった粘土に似ている」[7]

これはスカトロジックな好奇心にとどまるものではない。イクチオサウルスが他の海洋生物、さらに自分の子供さえも食べていたということは、アダムとイヴの堕落以前、神によって創られた生物は調和のうちに暮らしていたという当時のキリスト教の信念をくつがえすものだった。一八三〇年には、この発見に触発され、アニングが発掘した化石化した多くの生物種をよみがえらせ、先史時代の地球の食うか食われるかの現実を生々しく描写した絵が描かれたほどである。この絵の中では、イクチオサウルスや首長竜、ベレムナイト（そう、ゲルト・シマンスキがバルト海沿岸であさるのを好んだあのベレムナイトだ）をはじめとするあらゆる獰猛《どうもう》な生物が、お互いに追いかけ合い、捕食し合っているのである。

水彩で描かれた動物たちは、口を大きく開けて襲いかかるか、必死で逃げようとしている。水平線上では、太ったカメがイカのような生物を襲おうと岸から飛び込んでいる。その近くの海岸線沿いには、まるで吠える犬のように大きく口を開けたワニがいるが、そのワニめがけて首長竜が海から襲いかかろうとしている。上空では、旧石器時代版の闘犬のように翼竜どうしが戦い、ヤシの木々が風に揺れている。

糞の化石によって、エデンの園は決して平和な場所ではないことが証明されたのだ。

「糞石は、地球上の生物が絶えず戦い合ってきたことを示す記録だ」[8]とバックランドは述べている。この絵は大変な人気を博したため、画家は複製をいくつも作らせ、その売上をアニングに寄付した。これによってアニングは発掘活動を続けることができ、四七歳で乳癌のため息を引き取るまで実際にそうしたのである。

一八四〇年代初頭、ちょうどジョン・ローズが骨をもとにした化学肥料をロザムステッドの作物で試そうとしていたとき、バックランドは、二人の著名な化学者、ライアン・プレイフェアとユストゥス・フォン・リービッヒとともにイギリスの海岸を歩き回り、糞石の調査をしていた。バックランドと行動をともにしたこの二人は、ソーセージのような形のかたまりに古生物学の観点から着目していただけではなかった。乾燥した鳥の糞の堆積には限りがあり、骨も枯渇しかかっているという状況にあって、肥料資源として利用できるかもしれないと考えていたのである。

「絶滅した動物のこれらの排泄物に、動物の肥やしと同じくらい価値のあるミネラル成分が含まれているかどうかが関心の的になっていた……」と化学者のプレイフェアは数年後に回想している。「私たちは、この地質学者の見解を化学分析によって裏づけるべく、標本採取に取り組んでいたのだ」[9]

リービッヒ自身が分析を行ったが、その結果は驚くべきものだった。海岸には、糞石や、集積してリンが詰まった岩のかたまりが散在していることがわかったのだ。リービッヒに言わせれば、一九世紀のイングランドにとってこれらの岩は、産業革命の動力となった蒸気機関の燃料源である石炭のかたまり以上の重要性を秘めるものだった。当時すでに可燃性の石炭が古代植物の死骸であることは知られていたが、これらの化石も、同じように重要な燃料――食物を作り出す肥料に利用できるのではないか、とリービッヒは考えたのである。

リービッヒは、糞石の分析によってリンが豊富に含まれていることを知ったあとで、興奮してこう書いている。「考えてみると、なんと興味深く、おもしろいことだろう！　イングランドはすでに、製造業において、化石燃料――原始林が保存されたもの、つまり植物の死骸――から大きな恩恵を受けてきたが、今後は、絶滅した動物の死骸に、農業生産を増やす手段を見出すことになりそうだ」

しかし、誰もがリービッヒのように興奮したわけではなかった。

「[リービッヒの]このような興奮した言葉に、嘲笑の嵐が浴びせられたことをよく覚えている」と、プレイフェアはこの発見の数年後に記している。「しかし、真実が懐疑心に勝利を収め、今では、何千トンという動物の死骸が、田畑を肥沃にするために使われている。古代生物の証拠を追い求めた地質学者は、化学者の助けを得て、未来の世代に新たな生命を与えてくれる絶滅動物の死骸を掘り起こしたのだ」

リービッヒが一八四〇年に無機栄養説を発表したころには、比較的小規模ではあるが、ある種の岩石はすでに肥料として採掘されていた。しかし、糞石に含まれるリン（糞石の大半は、実はリンを豊富に含む堆積岩であることが判明した）より重要だったのは、糞石の発見を受けて、農学者たちがより広大なリン岩石の貯蔵地を本気で探し始めたことだろう。

農学者たちは、化学分析を通して、気が遠くなるほど長い年月をかけて海底に降り積もったさまざまな海洋生物の死骸の堆積岩層には、リンが集中して存在していることにとうとう気づき始めた。条件がそろえば、化石化した有機堆積物の中のリンは、海流が岩の他の元素を取り去っていくにつれ、どんどん凝縮していく。[10] 何百万年も経つうちに、リンの詰まった岩石が地震活動によって陸地に乗り上げ、そういった場所からリンが採掘できるというわけだ。

「リン酸塩ノジュール」として知られるようになった初期のリン鉱床の多くは、イングランド全土にわたって発見されたが、その採掘は一八七〇年代にピークを迎えた。[11] リン鉱床はまたたくまに枯渇し、一八九〇年代初頭には発掘量が激減した。[12] そしてちょうどこのころ、ペルーのグアノ堆積地も掘りつくされつつあった。

こういう事態が起こっているとき、地球の人口は一世紀足らずの間に倍増して二〇億人に達しようとしていた。この期間に新たに生まれた人々は幸運だった。同じように採掘可能でリンを豊富に含む堆積岩層が、アメリカ合衆国で発見されたからである。まず一八六〇年代にカリフォルニア州南部で、その後、一八八〇年代初期に、はるかに広大な規模で、フロリダ州中部で発見された。一八九〇年代半ばには、何十というフロリダ州の企業、何千という採掘者が、毎年一〇〇万トン以上のリン岩石を発掘していたのである。[13]

フロリダ州の「ボーン・バレー」のリン鉱床を形成する岩石のほとんどは、公園のぶらんこの下にある小石のような形と大きさをしていた。イングランドの海岸の場合と同じように、それらははるか昔に絶滅したさまざまな生物――サーベルタイガー、巨大ザメ、巨大マナティー、巨大グマ――の化石化した死骸の中で見つかった。しかし、この珍獣たちの墓場が持つ科学的な重要性も、フロリダ州になだれ込んできた荒くれ者の採掘者たちの前では形無しだった。ボーン・バレーの道路建設のために使われた小石をめぐって殺し合いも辞さない男たちもいた。フロリダ州ジャクソンビルの『タイムズ・ユニオン』は一八九〇年二月一三日にこう報じている。

「ピート・ダウニングは銃を取り出し、自分にはこの通りに捨てられたリン酸塩を誰よりも多く所有する資格があり、その取り分は守るつもりだ、と言った……。こうして男たちは銃やナイフを振りかざし続け、とうとう三〇人から四〇人がこの問題に関わるようになり、それぞれが自分こそ岩石の大部分を所有しているのだと主張して、自分のものにできないなら血の雨が流れることになるだろうと言うのだった[14]」

二〇世紀になるころには、フロリダ州のリン鉱石は世界中で化学肥料として利用されるようになっていた。しかし、世界中でリンが激しく求められるようになると、人々の欲望はますます増大し、暴力沙汰にまで発展するようになった。

やがて個人だけでなく、国単位で犠牲者が出始めた。

ベーカー島は、太平洋の真ん中、赤道付近に浮かぶ、やぶが生い茂る岩でできた島だ。一つのゴルフコースほどの大きさしかない。一八五八年から、あるアメリカ企業がアクセスの簡単なこの島のグアノの堆積地を採掘し、もうこれ以上利用できないと思った一八七九年に、その採掘権を太平洋リン鉱石会社というイギリス企業に売った。

グアノがほとんどなくなっていたため、島の新しい所有者たちはリンが豊富な堆積岩層を採掘し始めた。その大半はつるはしで簡単に採掘することができたが、ベーカー島のリン鉱石にはとても硬くてダイナマイトで爆破しなければならないものもあった。そうして採掘されたかたまりもまた、ドアストッパーのように硬かった――決して比喩ではない。

一八九九年の年末近いある日、太平洋リン鉱石会社のオーストラリア・シドニー支社で働いていたアルバート・エリスは、勤務中に、実験室のドアストッパーとして使われている石があのベーカー島のリン鉱石に驚くほど似ていることに気づいた。これを同僚に告げたところ、その石はベーカー島から持ってこられたものではなく、会社の地質学者たちはすでにただの古くて重い岩石だという結論を出しているのだ、という答えが返ってきた。

「それで問題は解決したかに思われたが、実験室で勤務しているとどうしてもあの石に目が行き、ベーカー島のリン岩石と似ているという気がするのだった」と、エリスは数年後に回想している。「三カ月ほど経ったころだろうか、検査してみてもいいじゃないかという考えが頭に浮かんだ。破片を削り取って粉末状にして、（リンかどうかを確認する）いつもの検査を実施した」[15]

分析の結果、そのドアストッパーは、これまで発見された中でもとりわけリンが凝縮して含まれている石であることがわかった。ペルーのグアノよりリンが豊富だったのである。問題は、その石がもともとあった太平洋の島がすでにドイツ人によって占領されていることだった。しかし、ある同僚の話では、その島から二六〇キロメートルほど東に、西洋諸国がまだ手をつけていない別の島があり、その島は地質史の点ではドイツ領となった島とそっくりだという。当時の海図を見てもその島はほとんど名がついていないも同然だった――なぜなら「オーシャン島（「海の島」の意味）」という名だったからだ。

エリスはすぐに、シドニーから約四二〇〇キロメートル離れたその島に渡る計画を立てた。オーシャン島は赤道のすぐ南にあり、ほぼ岩とココナッツの木だけから成る約六平方キロメートルの島だった。「もしオーシャン島が思ったとおりのところだったら」と、エリスは日記に書いている。

「少なくとも一財産できるくらいのものはあるだろう[16]」

エリスの同僚の一人は、その小さな島に降り立ったらどんなひどい目にあうか、おそろしい警告を告げた。オーシャン島は、船乗りたちの間で、その面積にそぐわないほど大きな悪評をとどろかせていたのである。「オーシャン島の住民はやっかいだぞ」と同僚は言った。「ライフルとリボルバーを持って行って、海岸に降り立ったらすぐに、その使い方を心得ていることを見せつけてやるんだ[17]」

海のように広い北米の五大湖をカバノキの樹皮で作ったカヌーで渡っていった一七世紀のフランス人の大胆さには、多くの人が感嘆の念を表してきた。スペリオル湖だけでメイン州とほぼ同じ面積があり、この湖を東西に横切るとなれば、約五六〇キロメートルの距離を行くことになる。しかし、フランス人は見渡す限り水ばかりという水域を渡っていったわけではない。この探検者たちは、先住民をガイドとして、海岸線近くでオールを漕いで「甘い水の海」の向こう岸へと進んでいったのだ。日中はカップを波に浸して渇きを癒やし、夜にはキャンプファイアの周りに集まって魚を食べ、今度はウィスキーでカップを満たしたのである。

大昔の太平洋の移民たちの移動はこれとは対照的だった。こちらは、果てしない大洋の真ん中で新たな陸地を求めて故郷の島々を発っていった。見渡す限り水だけ（もちろん、飲むこともできない）という海を、何百キロメートル、時には何千キロメートルも旅しなければならなかった。頭上には太陽が照りつけ、足下では危険な波がうねる中を進んでいく舟は、厚板をココナッツの殻から剝いだ撚《よ》り糸で結びつけて作ったような代物だった。

これらの帆あるいはオールによって進む舟の舵手たちにも、利用できるナビゲーション・ツールがあった――太陽、月、星、風、波、海流、雲、鳥だ。しかし、多くの場合、移住の試みは幸福な結末を迎えることができず、水浸しになって乗組員が一人もいない舟がむなしく漂う結果になったのである。

しかし、もちろん移住が成功することもあり、一八世紀から一九世紀、ヨーロッパの貿易業者や捕鯨船員がそういった人々の住みついた島々に遭遇したときには、そこで固有の文明が栄えていた。オーシャン島はまさにそういう島の一つであり、一九世紀初頭に「発見された」ときには、人々が居住してから少なくとも二〇〇〇年が経過していた。[18]

オーシャン島に白人が到着した最も初期の記録の一つは一八五〇年代初頭のもので、このときは、オーストラリアの貿易船の乗組員が沖合に錨《いかり》を下ろした。

島民の中には人間の歯でできたネックレスを身につけている者もいたが、彼らはすぐに、貿易船の乗組員たちに対して、新たに大臼歯狩りをするつもりはないという意思表示をした。[19] 数日の間に、挨拶とともに贈り物も交換され、島民からは水鳥が、船の乗組員の一人からはタバコと手斧が渡された。貿易船はすぐに出航したが、広い世界をどうしても見たいという島民が数人、いっしょに乗り込んだ。このようにして島を脱出できたことは、彼らにとって幸運としか言いようがなかった。

オーシャン島の年間降水量はおよそ一八〇〇ミリ（これは、アメリカ合衆国の大陸部のどの都市よりも多い数字だ）。しかし、陸地があまりに小さく、太陽に照りつけられるため、常時水を湛《たた》えた小川や池といったものは存在しない。島の水源は空から降ってくる雨だけだ。したがって、雨が降らなければたちまち困難が訪れる。

島民たちは何世紀もの間、これらの乾季を生き延びるため、ぬかるんだ洞窟に入り、地表から約三〇メートル地下にたまった濁った水をココナッツの殻に入れて満たした。一八七〇年代初頭には、複数年にわたって旱魃が続いたため、これらの地下の貯水池さえ干上がり始めた。島の有力者たちは、一家庭が使える水の量は一日にココナッツの殻一杯分という制限を課したが、それでも貯水池の水が足りなくなる状況だった。

旱魃が三年目に入るころには、島民は海草の水分を吸う状況にまで追い込まれたが、それが大きな助けになるはずもなかった。[20]

「人々の歯茎は腐り、歯は抜け落ち、全身は潰瘍で覆われた」と、この旱魃を生き延びた島民の一人は回想している。「人々は道端で倒れ、そこで息を引き取ったが、死体はその場にそのまま放置された。埋葬のために死体を家まで運んでいけるほど体力が残っている者など一人もいなかったのだ」

一八七〇年代半ばにようやく雨が戻ってきたときには、約二〇〇〇人いた島の人口の四分の三がこの世を去っていた。

それからわずか約一〇年後、島は再び災難に見舞われた。そしてこの災難から逃れられた島民は一人もいなかった。

一九〇〇年五月三日、エリスの船はオーシャン島、今ではバナバ島として知られる島に到着した。[21]島の人々、つまりバナバ島民は訪問者にとってとても危険だと同僚は警告していたが、エリスが実際に会ってみると彼らは友好的で、サメの歯でできた剣や果物、魚を他のものと交換したがった。

船でそういった物々交換が行われている間に、エリスは検査道具を持って船を降り、待望のリン鉱石を探しに島の内部へと向かった。出発前にエリスは、もし一万トン分のリン鉱石を見つけることができれば、倒産寸前の自社を救うことができるだろうと計算していた。初日に急いで調査し終えたときには、島のリン埋蔵量は六〇〇万トンを下らないと確信した。「ついに『油田を掘り当てた』のだ」とエリスは回想している。「しかも、油井が発見されるのにこれ以上ないほど時宜を得たタイミングだった[22]」

初日の日没前、エリスは政治的リーダーと思われる何人かのバナバ島民と島の鉱石を採掘する権利について交渉した。エリスは後日、彼らは政治的リーダーなのだから契約書に署名して島の発掘権を譲渡する権利を有している、と主張した。両者は通訳を通して「交渉」したが、この通訳者の英語の理解力は基本的なレベルにとどまっていた。島民たちが、九九九年にわたって島の鉱石を採掘する権利をエリスの会社に与える内容の手書きの契約書に合意したのも、おそらくこの通訳の問題がからんでいたのだろう。それと引き換えにバナバ島民が受け取るものは、年間総額五〇ポンド、現在の貨幣価値にしてわずか八〇〇〇ドルにすぎなかった。[23]

最初の年には、約一五〇〇トンのリン鉱石が島から持ち去られた。翌年、リン輸出量は一万三三五〇トンに跳ね上がり、[24]それ以後は爆発的に増加していった。破砕された岩をすべて運び出すために大型の船が停泊できるよう、港は島の内陸にまで拡張され、遠く日本や中国、ハワイからも採掘労働者が駆り出された。

一九〇〇年の契約は最終的に改定されることにはなったが、それでも島民が貴重な鉱石に対して公平な対価を払われることはなかった。一九〇〇年から一九一三年の間に、太平洋リン鉱石会社は一七〇万ポンドの利益を上げた。バナバ島民に支払われた金額は一万ポンド以下だった。[25]

私有地を譲るようにという強欲な採掘会社の要求にバナバ島の人々が抵抗し始めると、島民をみな島から追い出せばよいという議論がなされるようになった。『シドニー・モーニング・ヘラルド』は一九一二年にこう論じている。「五〇〇人にも満たないオーシャン島の先住民が、残りの人類にとってきわめて貴重な（産出物の）採掘と輸出を妨害することなど許されるわけがない」[26]

会社と島民の間でさらに取り決めがなされ、太平洋リン鉱石会社は今後新たに露天掘りする地域については より高い金額を払い、採掘した鉱石一トンあたりについてもより高額なロイヤルティーを支払うことになった。そのお金は直接島民の手には渡らず、島民のために管理された基金に注《つ》ぎ込まれた。鉱石会社はまた、バナバ島民から自社の店の商品で暴利をむさぼるのをやめることにも同意した。こういった店では、コーンビーフの缶詰や魚、砂糖、茶、米、ビスケット、飲料水といった商品に法外な値がつけられていたのだ。特に飲料水を高額で売ることは、旱魃によってひどい苦しみをなめたばかりの島民にとって残酷というしかなかった。[27]

一九二〇年、民間企業だった太平洋リン鉱石会社は、オーストラリア、ニュージーランド、イングランドの三国の政府が運営する官営企業になった。同じ一九二〇年には、この島を訪れたジャーナリストが、現代世界によってほとんど汚されることのなかった孤立した島が、わずか二〇年の間に産業によって最も搾取された島へと変じた事実を報告している。打ち寄せる波、鳥のさえずり、ヤシの木の枝のささやきが、四六時中鳴り響く「ミニチュアの都市」の轟音によってかき消されている様子も描写されている。

「昼夜を問わず、機械の轟音が鳴り響いている」と、『ヴィクトリア・デイリー・タイムズ』は報じている。「機関車が甲高い叫びを上げ、貴重なリンを載せた無蓋貨車が耳を聾《ろう》さんばかりの轟音を立てて線路の上を駆け抜け、リンは粉砕機や乾燥機、貯蔵箱へと運ばれる。加工されたリンは不定期貨物船に載せられ、農業の盛んなあらゆる国に運ばれていくのだ」[28]

第二次世界大戦中には日本がバナバ島を侵略したが、彼らは、リンは自分たちにとっては役に立つが島民には用なしだと考えて、島民を飢えに追いやり、首をはね、撃ち殺し、電気椅子で処刑した。[29]殺されずにすんだ者たちは島から追い出され、労働収容所で働かされた。戦後、連合国軍は、太平洋中の島々に散らばって生き残っていた元バナバ島民約七〇〇人を招集し、遠くフィジー島へと運んだ。[30]島民自身の採掘ロイヤルティーによってこの島が再定住地として購入されていたのだ。

連合国軍がバナバ島民を運んでいったフィジー島は、故郷の島から約二六〇〇キロメートル南に位置していた。彼らには二カ月分にやっと足りるだけの食料しか供給されなかった。風が吹くとひらひらするようなキャンバス地のテントが与えられたが、予想通り襲ってきた嵐にはほとんど役に立たず、最初の年だけで何十人もの死者が出た。

一方、戦争が終わってバナバ人もいなくなったということで、イングランド人、ニュージーランド人、オーストラリア人はバナバ島に戻ってきた。露天採掘のペースは上がり、一九七〇年代末には鉱石が枯渇してしまった。最後に輸出されたリンは島のゴルフコースから採掘されたものだった。ほぼ八〇年にわたって島を荒らし回る中でも、採掘者たちはゴルフ場にはなかなか手をつけようとしなかったのだ。[31]

一九八〇年には、島は太平洋の真ん中に浮かぶゴーストタウンと化し、残っているものと言えば、荒廃した倉庫、崩れかかったアスベスト屋根の家、乗り捨てられた車、島の珊瑚礁じゅうに、そしてさらに沖へと延びる老朽化したスチール製のコンベヤーベルトだけだった。しかし、その後の数十年間にバナバ島民が少しずつ帰還し始め、現在では島の人口は三〇〇人ほどになっている。島には滑走路もなければ、特筆すべき産業もない。外部世界との接触と言えば、補給船が数カ月に一度やってきて、一泊か二泊するくらいのものである。

バナバ島のリン鉱石は、太平洋上、インド洋上に浮かぶ遠方の他の小島のリン鉱石とともに、二〇世紀の間、世界中に輸出された。しかし、リン鉱石のほとんどが運ばれていったのは、オーストラリアとニュージーランドの栄養が足りない田畑だった。

一九世紀にはイギリスの田舎の植民地にすぎなかったこの二国が、二〇世紀に経済的にも文化的にも大国へと発展したのは、これらの太平洋のリン鉱床のおかげだったと言ってよい。リンによって農業を発展させたこの二国は、自国民に肉主体の豊かな食事を提供することができるようになったばかりか、北米、ヨーロッパ、中東に食料品を輸出することで経済的にも豊かになったのである。

「オーストラリアとニュージーランドが、イギリス諸島や北米と同じ道をたどったのは、自然の成り行きではなかった」と、肥料の歴史を研究しているグレゴリー・クッシュマンは述べている。「この南半球の二国の土壌と生物相を改変するには、熱帯のいくつかの島を組織的に破壊する必要があったのだ」

今日、ニュージーランドは、飛行機やヘリコプターを利用して、森も含めた田園地帯に年間なんと二〇〇万トンの肥料を撒いている。

そういうわけで、二〇世紀後半に太平洋諸島のリンの埋蔵量が尽き始めたとき、ニュージーランド人は必死で新たなリン供給源を求めた。彼らが見つけた地は、地球上でバナバ島以上に困窮した唯一の場所と言ってもよいかもしれない。

# ４章　砂の戦争

二〇一八年六月一六日土曜日、アメリカ合衆国の宇宙飛行士、アンドリュー・フューステルは休暇をとっていた。国際宇宙ステーションの指揮官であるフューステルは、九〇分ごとに世界を一周し続けてはいたが、遊びに行ける場所などほとんどなかった。そのため、宇宙ステーションツアーに三度も行った経験を持つヴェテラン飛行士で、熱心なアマチュア写真家でもあったフューステルは、ロシアの天文観測モジュールへと飛んで行き、その舷窓の一つにニコン製のカメラを押し当てた。

ロシアのモジュールの窓は、宇宙ステーションのアメリカのモジュールの壮麗な「丸天井の」窓より小さかったが、光学的な面ではより高い品質を誇っていた。フューステルにとってはこの点が重要だったのだ。宇宙での彼の趣味は自動車レースが行われている日に世界中のサーキットの写真を撮ることで、この日にはかの有名なル・マン二四時間レースが行われていたのである。宇宙ステーションが時速二万七〇〇〇キロメートル以上の速度でフランスに突進しているとき、地質学の博士号を持つフューステルの目に、眼下のアフリカから興味を引かれるものが飛び込んできた。

「地層の褶曲《しゅうきょく》や衝上《しょうじょう》断層など、プレート境界が集合したり、氷河作用によって折り重なったりした地形構造を見つけるのが好きなんです」と、彼は故郷の地球を見つめて過ごした時間について語ってくれた。しかし、約四〇〇キロメートル下の砂の上に現れた落書きの絵らしきものは、そういった地形構造のようには見えなかった。むしろ、サハラ砂漠の地表をひっかくようにして移動する巨大な昆虫に似ていた。

フュースステルはそれまでこのような景色を目にしたことがなかったが、ニコン製のカメラのピントを合わせていくうちに、その姿は鮮明なものになっていった。「その線構造と四角に区切られた特徴から、自然にできたものでないことはすぐにわかりました」と彼は言った。フュースステルはシャッターを切ったが、人権活動家であれば、彼の一六〇〇ミリのレンズがとらえたものは世界最大の犯罪現場のひとつだとすぐわかっただろう。西アフリカ海岸の上空約六五〇キロメートルを飛んでいた人工衛星がちょうど一週間前に撮っていた別の写真が、事態を明らかにしてくれた。

人工衛星がとらえたのは、山一つ分はあろうかという量の砂がコンベヤーベルトから全長二〇〇メートルの貨物船に積み込まれる様子だった。コンベヤーベルトの下には約三キロメートルにわたって桟橋が架けられており、青緑色の大西洋へと続いていた。宇宙からの視点では、何が行われているかはほとんどわからない。一隻の船が、アメリカ大陸でさえ小さいものに感じさせるほど広大な砂漠から、隠していた砂を持ち逃げしているように見えるだけだ。

しかし、その船のグーグル画像を周囲の土地が視野に入るまで引いていけば、内陸部へと一本の直線が砂漠を数百キロメートルも横切り、フュースステルが写真に撮った奇妙な地形構造の中心部に向かっていることがわかる。

フューステルがそれと知らずに撮った写真は、その地域がまだスペインの植民地だったころに築かれた巨大なリン鉱山をとらえたものだということが明らかになった。その鉱山と貨物船の間の地面に見られた縞模様は、世界最大のコンベヤーベルトで、チョーク質のリン鉱石を、鉱山から北大西洋へ、そこからさらに世界中の田畑へと運ぶために半世紀前に建設されたものだったのである。

それはまた、新たに生じつつある戦線でもあった。

スペインは、西サハラとして知られるその地域の領土権を一九七〇年代半ばに放棄したが、すぐに、近隣のモロッコによって鉱山も含めて占領されることになった。

現在、モロッコが鉱山を管理し、利益を得ているが、この地域の本当の所有者は誰なのか、モロッコと先住民であるサハラウィ人の間で激しい議論が戦わされている。サウジアラビアの伝説的なガワール油田を含めても、世界の砂漠の中で最も垂涎《すいぜん》の的の一つになっている地域と言ってよい。「あの場所にそのような複雑な事情があろうとは夢にも思いませんでした」とフューステルは語った。

そう思っていたのはフューステル一人ではない。何世紀もの間、世界のほとんどは、西サハラなど、土着の遊牧民がツノクサリヘビや齧歯《げっし》動物、サソリと生存競争を繰り広げている荒涼地くらいにしか考えていなかった。ところが、第二次世界大戦が近隣のモロッコやアルジェリアに広がろうとしていたとき、地質学を学ぶ一人のスペイン人学生がラクダに乗ってこの地へやってきたのである。

マヌエル・メディナが西サハラの測量調査を始めたのは、一九四〇年代はじめ、マドリッド大学の博士課程の学生時代のことだった。彼の遠征は学生の調査の域をはるかに超えていた。第二次世界大戦中、スペインは基本的に中立の立場を保持していたが、一九三〇年代の内戦によって経済が破壊されたため、二七〇〇万の国民は極度の自然資源不足に苦しんでいた。

メディナはスペインの独裁者フランシスコ・フランコが当時のスペイン領サハラに派遣した地質学者グループの一員で、彼らの派遣目的は、石油や石炭、鉄、そしてリンなどの喉から手が出るほどほしい自然資源を求めて、その地の土砂を調査することだった。[1] GPSもランドローバーもない時代のこと、メディナのようなラクダに乗った旅行者は、大洋の波の上を揺られる小舟のように、果てしない砂丘を横切っていった。この世界最大の無極性の砂漠には、地理的に目印となるものがまったくと言っていいほどないため、A地点（生きていけるだけの水のある場所）からB地点（生きていけるだけの水のある次の場所）の間に横たわる無人地帯を移動する際、隊商のリーダーは、船乗りのように、六分儀や星々を頼りにした。

メディナは、ロックハンマーや拡大鏡といった当時の原始的な道具しか装備していなかったが、西サハラの古代からある川床の黒くて非常に硬い岩石に焦点をしぼり、それらに含まれる地質上の歴史を、まるで本のように読み取っていった。岩石が語ってくれたのは、西サハラにはかつて広大な海があり、古代には海底だった場所に残された堆積岩層は、一九二〇年代以降盛んに採掘されていた隣国モロッコの豊かなリン鉱床に酷似している、ということだった。

フランコは、何人もの科学者をこのサハラのリン鉱床の中心部に集中的に派遣したが、伝説によれば、このリン鉱床は、一九六〇年代初頭、砂地から顔を出していた一本の木の下でついに発見されたという。その付近は一面の砂地で地形的な特徴がまったくなかったため、遊牧民たちはその木をまるで陸地のブイのように目印にしていた。鉱床の規模や性質がはっきりし、地質学者たちは、地球上で最も大きく、最も豊かなリン貯蔵地のひとつを発見したことに気づいた。

一九七〇年代初頭、ちょうどバナバ島のリン鉱床が掘りつくされようとしていたとき、スペインは西サハラの鉱山の開発におよそ四億ドルを投資していた。この遠隔地で世界最大のコンベヤーベルトを設計したのはドイツ企業で、鉱石を砂漠から運び出し、北アフリカの海岸に特別に建設された桟橋に停泊している貨物船に載せるためのものだった。リン鉱石の最初の積み荷は、一九七二年、ベルトをごろごろ転がって日本に向けて出発した。数年のうちに、鉱山では約二六〇〇人の労働者を雇用することになった。[2]

スペインはこの鉱山が、自国経済と、西サハラの先住民であるサハラウィ人の双方に恩恵をもたらしてくれるものと考えていた。一方、サハラウィ人のほうでは、スペインの行為を強奪とみなし、コンベヤーベルトに軍事的な攻撃を加え始めた。フランコは新たに戦争を始める気はなかった。スペインは交渉の末、一九七五年に西サハラから手を引いたが、その結果、今度はモロッコが鉱山と周辺地域の支配権を握ることになった。とはいえ、モロッコがその領土権を持っていると国際社会が認めたわけではない。

それから約半世紀が経つが、国連は依然として西サハラを独立国と認識していないし、モロッコの領有権を公式に認めてもいない。ただ「脱植民地化の過程にある非自治地域」に分類しているだけである。[3]

その脱植民地化の過程は、流血をともなう長いものになりつつある。

一九七五年、ハサン二世は、三五万人のモロッコ国民を西サハラに送り込み、スペインの撤退を促した。[4]モロッコ市民は深紅の国旗やコーラン、そして国王のポスターを振りかざした。このとき以来、西サハラの領有権はずっと議論の的になっている。ハサン二世は、「太古の昔から」モロッコの一部だった（とモロッコ政府が主張する）地域を一九世紀にスペインが占領したことによって生じた文化的断裂を元に戻そうとしているだけだ、と主張した。[5]

ハサン二世が送り込んだモロッコ市民の大半は、西サハラに到着するとすぐに踵を返し、まっすぐ帰国した。しかし、南に向かって行進する市民を周囲から警備していた数千人の兵士たちは帰国することなく、抵抗するサハラウィ人勢力に血の雨を浴びせた。この紛争は、おそらく読者が聞いたこともないような、少なくともこれまでは聞いたことがなかったような、最も長期にわたる、最も一方的な戦いになってしまった。

最初から不公平な戦いだった。侵攻当時、モロッコの人口は二〇〇〇万人だった。サハラウィ人の人口は五万人から一〇万人で、しかもその半数近く（ほとんどは女性、子供、老人だった）は、隣国アルジェリアの間に合わせのテント設営地に逃れた。

モロッコにとって、そして西サハラに派遣された数万の兵士にとって、この戦いは、領土権やリン鉱山だけを目的とするものではなかった。ビジネスの問題も関係していたのだ——モロッコは自国にも広大なリン鉱床や鉱山を所有しており、一九七〇年代には、ＯＰＥＣのように世界市場のリンの価格を設定できるほどリン市場に大きな影響力を持っていた。もし西サハラの鉱山と競合することにでもなれば、その影響力が失われてしまうのである。

「したがって、モロッコによる西サハラの奪取は、占領していることよりも、ハサン二世が生産の制限を通して（リンの）価格を高く保つことができるという点において重要なのだ」と、カナダのある新聞は一九七六年に報じている。「彼は現在、世界のリン酸塩貿易の八〇パーセントを支配している」[6]

この紛争は、勃発当初に報道にたずさわった数少ないジャーナリストたちによって「砂の戦争」と呼ばれることもあった（一九六〇年代のモロッコとアルジェリアの間の紛争も同じ名称で呼ばれた）。「砂の戦争」は一五年にわたって続き、一九九一年にようやく国連が介入して停戦となった。現在では、西サハラを二分する全長約二七〇〇キロメートル、高さ三メートルの砂岩の壁沿いでゲリラ戦が激化し、つかのまの平和はもろくも崩れつつある。モロッコが築いた障壁の大西洋側を、モロッコは依然として自国の「南部州」と呼び、サハラウィ人は今なお「略奪された故郷」と呼んでいる。鉱山にくわえ、大西洋岸沖に豊かな漁場もあるため、この地域は西サハラでも経済的に最も貴重な一部になっているのだ。

今日、西サハラを分断する壁は、大砲で要塞化され何百万の地雷が埋まった持ち場を離れて行動をとるモロッコ兵によってパトロールされ、地球上最長の軍事的分断線となっている。

この軍事力のおかげで、一九八〇年代以降、鉱山はまがりなりにも断続的に操業を続けることが可能になり、西サハラの富は世界中に輸出されている。サハラのリンからできた肥料のおかげで、アメリカの大豆の生産量もかなり前から増加している。キマメや小麦、キビが植えられたインドのぬかるんだ田畑を耕すトラクターが後部から噴出して撒き散らしているのも、サハラ産のリンだ。ヨーロッパの大麦やジャガイモ、米、ライ麦の生長を促進しているのも、メキシコのトウモロコシが樹木のように大きく育つのも、サハラ産のリンのおかげなのだ。

しかし、近年、サハラウィ人を支援する人権擁護団体のはたらきかけにより、ヨーロッパや北米の肥料会社は、モロッコ産のリンの購買を中止し始めている。とはいえ、このような不買運動が展開されても、サハラウィ人の国外逃避が終わる気配はなく、テント設営地では、戦争が始まるのではないかといううわさが広まりつつある。

西サハラでリン鉱山が操業されている半世紀の間に起きた暴力行為については、アフリカ以外で報道されることがほとんどなかった。しかし、今日の砂漠を混乱状態に陥れている問題に世界は注目すべきである。リービッヒの最少量の法則が世界的な規模で展開され、各国が厳しい展望を目の当たりにしている今、西サハラの状況は、今後半世紀の文明社会が直面する課題を覗かせてくれると言ってもよいだろう。

毎日生み出される肥やしや、数年、数十年単位で再び補充されるグアノとは違って、現代世界の農業システムを支えているリン鉱床は、人類の時間尺度においては再生不可能なものだ。そのため、経済面でも食料の面でも、地球上のあらゆる人々にかかわりのある問題になる可能性が高い。

西サハラのリンの堆積岩層は、他のリン鉱床同様、古代に海だった場所に生物の死骸が積み重なり、海底が長い時間をかけて干上がっていく中で形成されたものである。地質学者の見解によれば、こうしたリンを豊富に含む堆積岩が形成され、その後、その堆積岩が無作為に集まった鉱床が構造隆起によって陸地になるには、何百万年という年月を必要とする。つまり、人間が既存のリン鉱石の埋蔵量を使いはたしてしまえば、いくらでも簡単に手に入るようなリン鉱床が奇跡的に現れるとは考えにくいのだ。これこそ、アメリカ大統領をはじめとする世界の最も有力な政治家たちを長い間悩ませてきた現実なのである。

フロリダのリン鉱石のアメリカ合衆国内への供給が急速に減少する一方で、ヨーロッパへの輸出は増加しているという事実を述べたあと、アメリカ大統領はこう公言した。「農業や土壌の保全にとってだけでなく、国民の健康と経済の安定という観点からも、リンの重要性はいくら強調しても し足りないほどだ。したがって、現世代、そして未来の世代のために、リンの生産と保全に関して国がきちんとした政策を定める時期が来ていると言ってよいだろう」

この大統領の警告が発せられたのは、アメリカ合衆国のトウモロコシと小麦、大豆、野菜の生産量が増加し、肥料の需要がピークに達した年――一九三八年五月のことである。

フランクリン・ルーズベルトの勧告は、地球の人口がまだ二〇億人ほどだった時代の話だ――二〇世紀後半、開発途上国での品種改良などによって米や小麦、トウモロコシといった主要穀物が大増産された「緑の革命」が起こる前の話である。地球全体の代謝総量を激増させた緑の革命の萌芽は一九五〇年代にあり、高収量の品種、現代的な灌漑《かんがい》システム、リンと窒素を豊富に含む肥料の大量投与によって可能になった。
緑の革命が始まったのは、国連がちょうど、人類の半分以上が飢餓の危機に瀕しているという統計を発表した時期だった。この革命は、第三世界の数知れぬ命を救っただけでなく、その後、一九七〇年から現在まで、世界の人口がほぼ倍増することを可能にしたのである。
リービッヒの最少量の法則に従うと、窒素の制限を取っ払えば、リンの供給は窒素と足並みをそろえて増加しなければならないということになるが、リン鉱山の発掘によって、リンの供給は実際に増加してきた――そのおかげで、肥料の生産量は一九五〇年から二〇〇〇年の間に六倍に増加したのである。[7]しかし、現在の人口増加率に鑑みれば、リン発掘のペースもまた増加し続けなければならない――今後一世代の間に、さらに二〇億の人間が生まれて、毎日食事をすることになると予測されているのだ。現在、世界中の国々が肉主体の食事に移行し、さらに大量の穀物の栽培が必要になっているため、一部の農業専門家の計算によれば、地球の穀物生産力は二〇五〇年までにさらに倍増しなければならないのである。[8]
二〇一九年の時点では、世界中――アメリカ合衆国、アルジェリア、オーストラリア、ブラジル、中国、エジプト、フィンランド、イスラエル、ヨルダン、カザフスタン、メキシコ、ペルー、ロシア、サウジアラビア、セネガル、南アフリカ、シリア、トーゴ、ベトナム、モロッコ、西サハラ――のリン鉱山（およびその他の国々の一握りの小さな鉱山）は、毎年二億五〇〇〇万トンのリン鉱石を地球から削り取っていた。[9]
地球はこの採掘ペースを維持できない。簡単に採掘できるリン鉱石の埋蔵量がいつ枯渇するかについては、数十年後という説（これはきわめて可能性が低い）から、数世紀後という見解まで幅がある。しかし、リン鉱石が完全に尽きてしまうということだけが問題なのではない。一部のリンの専門家によれば、「ピークリン」の瞬間がやってくると、困難な状況が生じることになる。「ピークリン」とは、リンの需要が供給を上回る瞬間のことで、これを過ぎると、鉱床が縮小してリン鉱石の質が低下し、採掘コストが上がる。世界のリン鉱床が消失すれば、人口も減少することになる。モロッコが西サハラを侵略する前年に、有名なSF作家のアシモフは、「リンが尽きるまで人口は増え続けるが、その後、人口増加は止まり、この動きは何をもってしても止めることはできない」と述べている。

今日、アメリカ合衆国は特に脆弱な立場に置かれている。今世紀末には自国内で採掘するリン鉱石が不足すると予測するリン専門家もおり、その時期はもっと早く訪れるかもしれない。三億人のエネルギー安全保障でさえ、少なくとも食料安全保障に比べれば、簡単に解決できる問題のように思えてくる。

フロリダ産業・リン酸塩研究所の情報計画責任者であるゲーリー・アルバレリは、かつて「リンは石油よりずっとずっと重要なんですよ」と語ってくれた。

政府の貧困者の定義を満たす人々の多くでさえ、食物を比較的安価に手に入れることができるアメリカ合衆国では、飢餓とはどういうものか想像することは難しい。アメリカ国民の中で最も貧しい二〇パーセントの人々でも、食費は収入の一六パーセントを占めるにすぎない。つまり、胃が悲鳴を上げるほどお腹がすく前に、まだ他の費用を削ることができるわけだ。その点では、食費が家庭の収入の四分の三に達することもあるベトナムやナイジェリア、インドネシアといった国々とは状況がまったく異なっている。[10]

食費が家庭の収入のすべて、いや、それ以上を占める国さえある。緑の革命が起こったにもかかわらず、毎年推計で三〇〇万人から四〇〇〇万人の五歳未満の子供たちが栄養不良で亡くなっている。世界銀行のロバート・ゼーリック総裁は、二〇〇八年四月、飢餓との闘いはすでにまったく「余裕がない」状況にある、と警鐘を鳴らした。[11]それからわずか一週間後、バングラデシュでは、米の値段の急騰に追いついていない賃金に抗議して、一万人の市民が通りを埋めつくした。警察は、当局や織物工場、公共輸送機関への攻撃に反撃するため、催涙ガス弾を発射した。

トウモロコシや小麦、米の値段が一二カ月でほぼ二倍になった二〇〇八年には、世界中で食料供給にまつわる暴動が頻発した。飢えた人々による暴動がエジプトやカメルーン、インドネシアで勃発し、特にハイチでは、大統領府を襲撃するなどして食料問題に抗議した市民に五人の死者が出る事態となった。「ここ数カ月の間、ハイチ国民は、胃に焼けるような痛みを与える飢えの苦しみを『漂白剤を食べているかのよう』と表現している」とＡＰ通信社は報じている。「最も苦しみのひどい人々は、かつては飢えたときによく食べられていた、土砂と植物脂、塩でできた伝統的な苦痛緩和クッキーに頼らざるをえなくなっている」

二〇〇八年の食品価格とリン肥料のコストの急騰の原因は、中国やインドといった急速に発展する国々で肉に対する需要が急増したためとされた。他の要因としては、作物に大きな被害をもたらした暴風雨や急騰する石油価格、アメリカをはじめとする富裕国のガソリン供給を補完するために穀物由来のエタノールが大量に使われたことも挙げられるだろう。

腹が満たされている大半の西洋人は、こういった出来事の多くが遠く離れた世界で起こっているということもあり、ほとんど注意を払わなかった。しかし、遠く離れた国といっても、まもなく九〇億になろうとする人口を抱える同じ地球の一員である。

もし、地球が宇宙を漂う救命ボートだとするなら——そして、そう考えるべきなのだが——どこで栄養不良が生じていようと、それは地球上のあらゆる人々が関心を抱くべき問題であるはずだ。たった一人でも飢えている人がいるのなら、その救命ボートは乗組員全員にとって安全ではないのだ。

ボストンを本拠地とする投資家のジェレミー・グランサムは、未来の悲劇を予測することで巨万の富を築いてきた。一九八九年の日本の膨張した株式市場、二〇〇〇年のＩＴバブル、二〇〇八年の米国住宅バブルも予測した。しかし、リン貯蔵地の減少に直面した世界が今後数十年のうちに迎えると予想される悲惨な状況は、これらの金融破綻とは比べものにならないだろう、とグランサムは考えている。

「これらの肥料が尽きてしまうと何が起こるかについては、満足な答えが提示されていない。そこで、私は答えを出そうとした」とグランサムは述べている。「結論は一つしかないように思われる。今後二〇年から四〇年のうちにリン肥料の使用を大幅に減らさなければ、我々は飢え始めるだろう、ということだ」[12]

このグランサムの悲観的な警告は、年一回発行される投資家への会報や、『フィナンシャル・タイムズ』のようなビジネス誌に掲載されたわけではない。科学雑誌の『ネイチャー』、つまり、アインシュタインが相対性理論を発表し、ワトソンとクリックがかの有名なDNAの二重らせん構造を明らかにし、世界がはじめてのクローン哺乳類ドリーと出会った、あの雑誌に発表されたものなのだ。グランサムの警告は、この高名な科学雑誌の編集者たちの注意を引いたにはちがいないが、金融界や採鉱産業には好意的に受け止められなかった。

イギリスの保守的なシンクタンクであるアダム・スミス・インスティテュートの研究員、ティム・ウォーストールは、グランサムの見解に激しい非難を浴びせたが、それは、上から目線ではあるが、よく考えられ、笑いを誘う筆致で書かれている。

『フォーブス』に発表されたウォーストールの反論は、採鉱の専門的な用語、つまり埋蔵量と資源量の違いにもとづいて展開されている。埋蔵量とは、地理的に限定された、既存の技術と経済の限界内で採掘できるとみなされる鉱床のことだ。これに対して、資源量とは、地球上に存在すると考えられる資源の総計である。採掘会社や政府が新たな鉱床を見つけてそう指定すれば、資源量は埋蔵量に変わることになる。

「当然のことながら、ドリルで穴を開け、標本を採り、小さなハンマーを手にした変わりものの無骨な地質学者を丘の上に送り出すには、金がかかる。だから、今のところ、今後数十年で採掘できると思われる分だけ、この作業を行っているのだ。したがって、鉱石の埋蔵量というのは、どの時点でも、数十年分の量になるのである」[13]

ウォーストールの主張を言い換えれば、地球のリンの埋蔵量が危険なほど少なくなっているように見えるのは、まだ何世代も養っていけるほど十分残っているからだ、という皮肉な結論になる。「しかし、グランサムは金儲けのしかたは知っているかもしれない」とウォーストールは述べる。「しかし、彼が今度、鉱物埋蔵量と資源量について論じたいなら、専門用語の辞書を用意しておくようぜひすすめたい。彼の論は、小学生が犯すようなひどい誤りにもとづいている」

コロンビア大学の農業・食料安全保障センターのペドロ・サンチェスも、地球からリン鉱床が尽きようとしているというのはおおげさすぎる、という意見である。「五〇年という私の長いキャリアの中で、一〇年ごとにリンが尽きはてようとしているという声を聞いてきた」とサンチェスは述べている。「しかし、それはいつも誤りだと判明した。信頼のおけるあらゆる推計は、今後三〇〇年から四〇〇年はもつくらいリン鉱石の資源量が残っていることを示している」[14]。サンチェスはさらに、技術の発展によってリンの採掘はより効率的になっている、と論を続ける。いつか耕作地の役に立ってくれる莫大な資源量がまだ海底に眠っているにちがいない、とも断言している。

しかし、リン減少問題に関する論争から抜け落ちているのは、リン鉱石が尽きはてなくても地球上の生活は混乱に陥る、という現実である。

リン鉱床は、あらゆる国、あらゆる大陸に均等に分布しているわけではない。すでに見てきたように、そのほとんどはモロッコと西サハラの国境地帯に集中しており、ここだけで世界の埋蔵量のおよそ七〇パーセントから八〇パーセントを占めているのだ。世界にとって不可欠な資源がこれほど偏在している事実を、グランサムは「経済史において最も重要な準独占」と呼んでいる。

たとえば、アメリカ合衆国のリン鉱石の埋蔵量はごくおおざっぱな計算で一〇億トン（フロリダで行われているとどまるところを知らない開発は、埋蔵量を拡大しようとする取り組みにとって大きな障害になっている）で、アメリカは毎年そのうち約二五〇〇万トンを採掘している。このペースでいけば、世界で最も裕福なアメリカが、既存のリン埋蔵地を三〇年から四〇年で採掘しつくしてしまう危険性がある。それ以後は、国民に十分な食物を供給するために他国に依存することになるだろう。そして、アルジェリア、オーストラリア、ブラジル、エジプト、ヨルダン、カザフスタン、ペルー、ロシア、チュニジアなどの世界中の国々が、比較的少量の埋蔵量を拡大しようと悪戦苦闘している現状を鑑みれば、ある時点で、モロッコが世界最大のリン供給国になる可能性が高い。これは、生命に不可欠な元素を一国が支配するというにとどまらない。支配するのは、一国ではなく一家族、いや、一人の男になる可能性があるのだ。

モロッコのリン鉱山（所有権を主張している西サハラの鉱山も含む）を所有している企業の株の大部分は政府が保有しているが、その政府自体を支配しているのが、モロッコ国王ムハンマド六世（M6としても知られている）である。

世界最大のリン埋蔵地を手にしているのが誰なのかという疑問は、ある国営リン肥料会社の最近の年次報告の冒頭のページに目を向ければ雲散霧消するだろう。[15] モロッコ最大の営利企業のひとつの最初のページには、M6の肖像写真と、「ムハンマド六世国王陛下に神のご加護がありますように」の文句が掲載されている。M6が支配するモロッコでは、イスラム教や国王への批判、あるいは同性愛行為を行えば、刑務所行きになる可能性がある。リンは石油よりはるかに重要なのだ」とグランサムは二〇一八年に述べたが、この発言の直後、モロッコでハイキングを楽しんでいたスカンジナビアの二人の女性が、イスラム過激派によって首をはねられたというニュースが報じられた。

「この埋蔵地の所有に比べれば、ＯＰＥＣやサウジアラビアなど雑魚《ざこ》のように見えてくる。

「もしＩＳＩＳ（イラク・シリア・イスラム国）がモロッコ政権を奪取すれば、中国かアメリカ合衆国、あるいは両国ともが、一週間以内に軍事介入することは……まちがいないだろうと、私は確信している」とグランサムは言う。「モロッコのリン埋蔵地の助けなしで現状の農業を維持することは、おそらく三五年か四〇年が限度だろう」[16]

一九七五年のモロッコの西サハラ侵略中の戦車やマシンガンの発砲から逃れたサハラウィ人難民の中に、ナジラ・モハメドラミンの祖母と母もいた。ナジラは現在、三〇代前半だ。一家が国境のアルジェリア側の安全なテント設営地へと急いで逃れたとき、ナジラの母は六歳だった。彼女と兄弟姉妹は、この急ごしらえの設営地で耐えるのも数週間、せいぜい一カ月か二カ月で、緊張状態が収まったら家に帰れる、と言われたが、四カ月が四年になり、四年は四〇年になった。

一家は今でもまだキャンプ場で暮らし、くすんだオリーブ色のキャンバス地のテントで眠り、国連世界食糧計画の救援活動従事者によって配給される、一袋五〇キログラムの米で食いつないでいる。トイレは地面に掘った穴である。飲み水は水差しで運ばれてくる。

アルジェリア国内のキャンプ地では、現在、推計一二万五〇〇〇人のサハラウィ人がこのような状態で暮らしている。数世代のサハラウィ人が、テント設営地で成長し、年老いていった。彼らの経済は（経済と呼べるものかどうかすらあやしいが）、国際援助に頼りきりだが、そこから西に車で一日足らずで行ける場所では、モロッコ政府が西サハラで操業しているリン鉱山が昼夜を問わず稼働し、少なくとも人権擁護活動家が不買運動を始めるまでは、毎年二億五〇〇〇万ドルの利益を上げていたのである。

八歳のとき、ナジラは全世界が砂漠だと信じていた。人はみなコップ一杯分の水をこぼしたらひどく叱られる世界に住んでいるのだ、と思いこんでいたのだ。そんなとき、人道主義団体が彼女をスペインのサマーキャンプに連れていってくれた。ナジラは、テント式のキャンプ地の外ではじめて暮らしたときのことをこう語ってくれた。「はじめてスイミング・プールを見たとき、『いったいどういうこと？』って思いました。私たちにとって水はとってもとっても貴重なものです。もし水を無駄遣いしたら、大変なことになります。それなのに、あんなにたくさんの水の中に人が立っていたり、遊んでいたりするなんて、どういうこと？　って思ったんです」

ナジラはやがてテレビや自動車、商店街、食物にも親しむようになった。実がネオンのようにピンク色の果汁たっぷりの緑のスイカも食べた。「『こんなものがほんとにあるの？』って思うんです」とナジラは言った。「そのときから、ここでは何かがおかしいと考えるようになりました」

テントに戻ると、ナジラは教育を受けることにした。まず近くのキャンプ場の小さな学校で、その後、オーストリアとスペインに留学して教育を受けたのだ。二〇一六年にはアメリカ合衆国西部のワシントン州の二年制のコミュニティ・カレッジに入学し、二〇一八年に短期大学士の学位を取った。

卒業後のナジラの目標は、故郷に帰ることだった。テント設営場に戻るだけではなく、いつの日か、モロッコが五〇年近く前に侵略した土地に戻りたいと思ったのだ。

ナジラは、大きな障害になっているのはリン鉱山だと言う。リン鉱山、そして沿岸の漁業権があればこそ、モロッコは西サハラを侵略したのである。もっとも、モロッコのほうでは、西サハラ占領の目的は民族の再統一だと長きにわたって主張している。「遊牧民しかいないんだったら、誰がそんな土地を欲しがるでしょうか」とナジラは言った。「リンが豊富にある土地だということが、私たちの罪なのです」

この地政学的な問題は、近年、モロッコにも厳しい現実を突きつけている。人権活動家が、さまざまな国や企業に対し、国王が不法に手にしたリンを購入することをやめるようはたらきかけているのだ。この活動は効果を上げている。二〇一二年には、三億ドル相当以上の西サハラ産のリン鉱石が世界中で売られたとされるが、それ以来、取引国は激減している。二〇一八年の時点で西洋世界で取引を続けていた国のひとつ（もしかしたら、唯一の国だったかもしれない）は、ニュージーランドだった。

「ニュージーランドのみなさんの土壌を緑にしているのは、私の国の富です」と、二〇一八年、ナジラはニュージーランドのニュースサイト『スタッフ』に掲載された公開質問状に記した。[17]「みなさんの寄付を国連から受領するたびに、栄養不良の難民はみなさんのことを考えます。みなさんのほうでも、私たちのことを少しでも考えてほしいのです。モロッコが豊かなのは、私たちの富をはるか遠くの港に輸送することによって、私たちを貧しくしているからだということを知ってほしいのです」

この「血のリン肥料」運動の目的は、モロッコが西サハラから手を引き、鉱山をサハラウィ人に返すように仕向けることである。そうすれば、モロッコも西サハラも、先祖以来の土地、そして経済的な出発点に戻る自由を手に入れることになるはずだからだ。

モロッコによるサハラウィ人の征服が解決するか――あるいはしないか――という問題は、ますます狭くなっている世界に対してリン原子がいかに大きな影響をおよぼしているかを、建設的な面、破壊的な面の双方において垣間見せてくれる。地図上の線であれ、西サハラの壁のように、通り抜けることのできない現実の障壁であれ、リンは政治的分裂を超えて流通することで国々を結びつけることもある。あるいは、そういった国々を引き裂くこともある。

ナジラは楽観的にはなれない。

二〇一八年、アルジェリアのキャンプに戻る直前、ナジラは私にこう語ってくれた。「最終的に、戦争が唯一の解決になってしまうのではないかととても心配しています」

二〇二一年、武装したサハラウィ人たちが、鉱山を保護する壁に対してゲリラ的な攻撃を再開した。

# 第2部 リンの代償

# 5章　汚れた石鹸

一九五六年三月の凍えるような朝、一二歳のチャールズ・フロッシュは近道をして家に帰ろうとしていたが、足を滑らせて石垣から転落し、ウィスコンシン州リーズバーグの市街を流れるバラブー川に落ちてしまった。友人が綱を投げて助けようとしたが、冬物のコートが濡れてその重さに耐えきれなくなったチャールズは綱をつかむことができず、水の中に沈んでしまった。何十人もの人々が救助しようとやってきて、最初は目視で、次に死体回収用の引綱のフックで川を捜索したが、その作業は困難をきわめた。

地元の消防署や警察署の人々もすぐに何十人と現場にやってきた。土手には何百人もの野次馬がたむろし、コートのポケットに手をつっこみながら、少年の死体が上がるのを待っていた。チャールズの捜索が難航したのは、激しい風や凍えるような寒さ、水面に浮く氷のためだけではなかった。泡――石鹸《せっけん》の泡がじゃまになったのだ。こちら側から向こう岸まで、石鹸の泡が川を覆っていたのである。

消防隊員の高圧ホースをもってしても泡を吹き飛ばすことはできなかった。第二次世界大戦で使われた水陸両用トラック「ダック」が泡を押しのけようとしても、無駄だった。ダイナマイトでさえ役に立たなかった。ついにはアメリカ空軍が川にヘリコプターを派遣する事態となった。プロペラの羽根がぎりぎり水面につくようパイロットがヘリコプターを操縦し、泡を吹き飛ばしてくれれば、という考えからだったが、泡が吹き飛ばされるペースよりも、泡が新たに生まれるペースのほうが速かった。

少年が消えてから数日経っても、手がかりとなるものは彼が身につけていた冬物の帽子しか発見されなかった。

ほぼ二カ月経ってようやく、リーズバーグ警察署長がチャールズの死体を発見した。死体発見場所はチャールズが水に呑み込まれたところからほんの数メートルしか離れておらず、死体にはさまざまな廃棄物の破片がからまっていた。新聞では、四月二二日にリーズバーグの遺体安置所で亡き少年のために祈りの言葉が捧げられる予定で、葬儀は翌日に近所の聖心カトリック教会で営まれるということが報じられている。

奇妙なことだが、泡の原因について触れた報道はひとつもない。泡立つ川が異常だということをほのめかす記事もない。時は一九五〇年代半ば、洗濯機が普及して洗剤が大量に使い始められたころで、川や湖が泡立つ光景がまたたくまにごく自然な現象になっていたのである。

しかし、一九五〇年代に突如としてスーパーマーケットの通路にあふれるようにして並べられるようになった超強力合成洗剤は、「自然」と言えるものではなかった。この新たな洗剤に含まれていたある化学物質が、洗濯機から渦を巻いて排出される汚水をすべて受け止めていた河川、湖、そして海を泡だらけにしてしまっていたのである。

そして、この合成洗剤に含まれる別の重要成分は、もっとひどい副作用を持っていた。水路を汚染するにとどまらず、水路の生命を焼き尽くしてしまったのである。その重要成分とは、リンだった。

石鹼（soap）と洗剤（detergent）は現在では同義で使われることが多いが、専門的に見れば、両者はまったく別物である。どのぐらい違うかと言えば、一頭立て二輪馬車とテスラ社の電気自動車くらいの差があるのだ。何千年もの間、石鹼は、獣脂と、灰汁《あく》が得られる灰を混ぜ合わせて作られてきた。両者が混じり合った分子が、皮膚や毛髪、衣服から油脂やよごれをきれいに取り除いてくれたのである。

石鹼分子がこれほどの洗浄力を持っているのは、分子の片方の端が親水性であるためだ。この性質のために、水は「より水っぽく」なるのである。石鹼分子は、表面張力の原因でもある、水分子の膠《にかわ》のような結合力を壊すことができる。この力によって、石鹼水は、一切れの布、一本の毛髪、一部分の皮膚の見えざる三次元の世界の極小の裂け目、割れ目、縫い目に入り込むことができるのだ。

石鹼分子のもう片方の端も洗浄力を持っている。こちらは脂肪親和性があり、油脂やよごれの微小な破片に引きつけられ、たちまちそれらと結合する。「より水っぽく」なった水は、まず油脂やよごれを浮かせることで洗浄過程を開始する。すると、石鹼分子のよごれを求めるほうの端が、これらの解き放たれた薄片と結びつく。このとき、水を愛するほうの端は、依然として周辺の水分子と固く結びついたままである。その結果、取り除かれたほこりやよごれ、細菌まみれのかたまりはすべて水に浮いた状態になり、もともとくっついていた物質と再結合する前に流されていくのである。

何世紀もの間、石鹸は家庭で手作りされてきたが、一九世紀半ばには産業的な規模で大量生産されるようになった。最大の石鹸製造業者のひとつが、シンシナティに本社を置くプロクター・アンド・ギャンブル（P&G）社で、南北戦争中、この都市の食肉処理場から出る廃棄油脂をろうそくや石鹸に加工することで大儲けした（オハイオ州南部のシンシナティは食肉加工業が盛んで、当時は「ポークポリス（豚肉の都）」と呼ばれており、町の水路は豚の血で赤く染まっていると言われたほどだった）。兵士たちには、弾丸やブーツ、毛布同様、夜中に移動するためのろうそくも必要だったのだ。そして、石鹸も必要だった――兵士自身が自覚していた以上に。南北戦争で病死した兵士は、戦士した兵士の倍以上にのぼり[1]、下痢と赤痢だけで何万という兵士が命を落とした。致死性の病気を引き起こして蔓延させるうえで細菌がどのような役割をはたしているか、そして石鹸がそれを予防するうえでどれほど有効かを医学界が把握する前に、戦争は終わってしまった。

南北戦争後数十年のうちに電球が普及したため、P&G社はろうそく製造業において壊滅的なダメージを受けたかもしれないが、ありきたりの棒状石鹸からはまだまだ金儲けができた。清潔を求める大衆の欲望をP&G社ほど利用した企業はほかにない。

一九世紀には、石鹸はたいてい肉屋の肉のような売られ方をしていた――エプロンを着た商人が、求められるだけの量を厚切りにし、包装用の褐色紙に包んで、ポンド単位で金額を請求したのである。一八七〇年代にこの慣習を変えたのがP&G社で、あらかじめ包装された統一規格の石鹼を売り始めた。さらに重要なのが、包装紙にブランド名を印刷したことだ。やがてアメリカ中の建物や広告板に貼られるようになったそのブランド名は――アイボリーである。

当時の石鹼は似たり寄ったりの品質だった。アイボリーが他の石鹼と違ったのは、製造過程で石鹼に空気を入れたことだ。このため、もし棒状石鹼が池やバスタブ、あるいは濁った水の入った洗面器の中に落ちても、まるでコルクのように浮いてくれ、便利なことこのうえない。この特徴は、P&G社の最初の企業スローガンの一つ、「水に浮く」を生み出すことにもなった。P&G社は以後、いくつものスローガンを生み出し、すぐれたブランディング活動を展開して高級な洗浄製品で市場を支配した。それはアメリカの消費者にとってはすばらしいことだっただろうが、アメリカの水域には悲劇的な結果をもたらすことになった。

アイボリーの成功をもってしても、P&G社の石鹼事業は一九三〇年代には苦境に陥った。電動洗濯機がアメリカ合衆国中の家庭に侵入し始めたからである。洗濯機製造会社の宣伝文句を借りれば、ボタンを押すだけで一日分の苦役が消し飛んでしまうのだ。ただし、電動洗濯機にも問題はあった。一生懸命手洗いするときに比べてよごれが落ちなかったのだ。ミネラル分の多い硬水が供給されている家庭で洗濯機が使われるときには、特にその傾向が強かった。硬水に含まれるマグネシウムとカルシウムによって、洗濯機の効果が落ちてしまったのである。

洗濯機ブームに便乗するため、P&G社は、洗濯機の使用に特化した強力合成洗剤の開発に取り組んだ。「これによって石鹼ビジネスが崩壊してしまうかもしれない」と、社長のウィリアム・クーパー・プロクターは、自社の研究スタッフたちがさまざまな化学洗剤の実験開発を始めたときに警告した。「だが、石鹸ビジネスをどこかの会社が崩壊させることになるのなら、その役割はプロクター・アンド・ギャンブル社が担うほうがましだ」[2]

P&G社が最初の合成洗剤を売り始めたのは一九三〇年代だったが、このときの洗剤はまだ強力ではなかった。そこで、P&G社の化学スタッフは、洗剤を強力にする「増進」化学物質を加えることにした。この物質は、簡単に言えば、硬水のミネラルを中和して、軟水化するはたらきを持っていた。[3]では、その「増進剤」とは何だったのか？　リンである。より具体的に言えば、トリポリリン酸ナトリウムだった。

ただし、リンで増進された合成洗剤には問題があった。この洗剤で洗われた衣服は、洗濯機から出てくるとき、すばらしい白さを示したが、固く、しわが寄っているという悩ましい欠点も抱えていたのである。そこで、P&G社内で「プロジェクトX」と呼ばれた計画の担当者が、衣服を清潔にはするけれども、固くしわが寄ることのない程度の増進剤を含む洗剤の開発に取り組むことになった。なかなかうまくいかなかったので、思い切ってやりかたを変えることにした。洗剤に加えるリンの量をできるだけ少なくする方針から、それとは正反対の方法をとって、リンの量を極度に増やすやりかたに変えたのだ。思いがけないことに、この調合の洗剤で洗われた衣服は、きれいなうえに、ビロードのようなやわらかさを保っていた。

この時点でP&G社の研究員たちは、なぜリンを豊富に用いた洗剤がこんなにうまくいったのか正確なところを理解していなかった。ただ、うまくいった、ということだけは理解した。そして、リンと石油をベースにした数千トンもの洗剤をアメリカの雑貨店の通路に送り出していったのである。それが各家庭の排水管から全国の水域に汚水となって流れ出したらどのような危険性があるか少しでも考えた者がいるとしても、それはP&G社のマーケティング担当者ではなかった。彼らは、当然のことながら、P&G社がアイボリーのような革新的な製品をまたしても作り出したということをアメリカの消費者に知らせることに注力していたのである。

P&G社の広告マンたちは（当時、マーケティング担当者はほぼ男性に限られていた）、洗濯をするご婦人方が（当時、衣服を洗浄する作業を担当するのはほぼ女性に限られていた）、洗濯時に泡が出ると喜ぶことに気づいた。泡が出れば出るほどよいのだ。プロジェクトXを市場に出す決定をしてまもなく、この製品の発明者は、製品の特徴を順を追って説明し、なぜ従来の石鹸よりはるかにすぐれているのかを広報部員に解説しようとしたが、何度も何度も説明を遮られたために機嫌を損ねた。

広報部員たちは、「それはわかったが、泡は出るのか」と繰り返し尋ね続けたのである。やけになった製品開発者は、とうとう怒りを爆発させた。「ちゃんと泡立ちますよ」と彼は言った。「一箱あればもう泡の海ですよ」[4]。ここに新たなスローガンが生まれた。次のステップは、この新製品をどう大衆に受け入れさせるかだった。手始めとして、彼らはこの商品を「タイド（潮）」と名づけた。

新聞や広告板といった従来の広告媒体だけでなく、P&G社のマーケティング担当者は電波も利用した。まずラジオで、その後はテレビで、ターゲットとする視聴者に向けて、オリジナルの空想的なドラマを放送したのである。それはたいてい、毎日つらい家事を抱えて子育てに追われる女性が、別世界への憧れを抱くという筋立てだった。

当時のメディア評論家は、洗剤のコマーシャルの間に挟まれたこのオリジナル・ドラマを、テレビ番組とかラジオ番組と呼ぶことはなかった。「ソープ・オペラ」という新たな呼び名を考案したのである。一九五〇年代はじめには、Ｐ＆Ｇ社はアメリカ合衆国で最も広告にお金をかける企業になっており、年間約四五〇〇万ドルの広告費を使っていた。[5]そしてそのほとんどが、大衆の間で急速に「ソープ・オペラ」として知られるようになったドラマに費やされたのである。この戦略は成功した。一九四六年に「タイド」が市場にお目見えしてからわずか五年後には、Ｐ＆Ｇ社をはじめとする石鹸会社は、重量にして年間四五万トンもの合成洗剤を売り上げていた。[6]アメリカ中の衣服が、従来の石鹸では考えられないようなやわらかさ、白さ、清潔さをもって洗濯機から取り出されることになったのである。

しかし、衣服をきれいにする仕事につきもののきたなさが消え去ったわけではなかった。それは、汚水として流れていったのである。

やがて科学者たちは、一九五〇年代にアメリカの水路で泡が発生し始めたのは洗濯機から流される泡のためであることを突き止めた。タイドやその競合製品に含まれる洗浄剤は石油由来の物質をベースにしていたが、この物質は、それまで使われていた洗剤の石鹸分子とは異なり、自然の水域に住む微生物によって消化されにくいものだったのである。

河川で生まれた分厚い泡のかたまりが突然吹雪のごとく襲ったため、自動車事故が起こったこともあった。[7] イリノイ州のロック川で生まれた泡のかたまりは、土手に乗り上げ、建物の五階の高さほどにまで達した。[8] 泡はなかなか消えないうえに広範囲におよんだため、一九六〇年代初頭には、下水処理システムや小川、河川、湖に流れ出たばかりか、家庭へと逆流する結果になった。公共飲料水システムのパイプが、泡が放出されるのと同じ水路から水を引き入れていたからだ。当時の新聞には、水道水に含まれる合成洗剤の泡があまりにも分厚いため、蛇口から出てくる水がそのまま食器洗いに利用されていたという記事が載っている。[9]

タイドの開発者が、石鹸の泡の海ができる、と言ったとき、それは皮肉だったのだろう。しかしやがて、アメリカでもヨーロッパでも、洗剤メーカーは文字通り泡の海を作り出してしまったことで政治家たちの非難を浴びることになった。

一九六二年、ヨーロッパを旅行して回った下院議員のヘンリー・ロイスは、合成洗剤の泡が巨大化してデンマーク沿いの北海をめちゃくちゃにしてしまっていることに驚きを隠せなかった。帰国すると、ロイスは議会でこう証言した。「海を見下ろす塁壁に立つ、かつてハムレットが殺された父の幽霊と出会ったエルシノア城で、私は、幽霊のエクトプラズムか巨大な氷山かと見まがうものが北方から近づいてくるのを目にしました。しかし、海洋学の論理から言って、そこに氷山があるはずはありません。そして、事実、それは氷山ではありませんでした。氷山のように見えたものは、水上を静かに漂う泡の山だったのです」[10]

ロイスは単なる観光旅行者ではなかった。ハーバード・ロー・スクール出身のロイスは、第二次世界大戦後にマーシャル・プランのための次席法務顧問としてヨーロッパ再建に貢献した人物であり、ドイツの科学者たちが、頑固に消えないで残ってしまう泡を出さない新たな「ソフト」洗剤を開発することに成功したという知識も持っていた。ロイスは彼らの実験室に赴き、この新たな「生物分解性の」洗剤の製造過程を自らの目で確かめた。

ロイスはすぐに、アメリカ合衆国の洗剤メーカーが新たな洗剤に転換することを義務づける法案を提出したが、泡なしでは生きていけないと大衆に思わせるためにすでに巨額の投資をしていた洗剤産業は、もう後戻りはできないと主張した。

一九六二年に泡の問題について話し合うためにミネソタ大学で開かれたシンポジウムで、アメリカ石鹼・洗剤協会の広報担当者は、衛生工学技師たちに向かってこう言った。「怒った主婦を相手にするほどやっかいなことはありません。しかも、そういった主婦はこの業界に強い影響力を持っています。泡なしの強力な洗剤を開発することはできるかもしれませんが、それではだめなんです。泡なしでも洗濯できると主婦を説得しようとしたらどうなるか想像してみてください」[11]

しかし、そもそも一九六四年にドイツで広く普及していた新たな洗剤でさえ、依然としてかなりの泡を出していた。アメリカの洗剤と違っていたのは、洗濯機から放出されれば泡が消えることだった。アメリカの大衆も、奇跡のようにきれいにしてくれる洗剤の影響で環境がどれほどの代償を払うことになるか不安を訴え始め、そのプレッシャーもあって、一九六五年、アメリカの洗剤メーカーは新たな洗剤に切り替えた。すると泡の問題はたちまちのうちに消えたのだった。

しかし、合成洗剤が環境にもたらした災厄は、河川や湖の泡とともに消えたわけではなかった。

これらの白い泡の下には、洗剤に関するはるかに重大な問題がひそんでいたのだ――アメリカ中の湖と河川で爆発的に繁茂した腐敗緑藻である。一九六〇年代半ばには、緑藻のために生命が死に絶えつつあったのだ。

生態学者は、どのような生物が棲んでいるかという観点から、湖を大きく三つに分類している。「貧栄養型」の湖では、水は水晶のように透き通っており、栄養素が豊富でないため、プランクトンや魚も比較的少ない。タホー湖やスペリオル湖がこのカテゴリーに入る。「富栄養型」の湖は、貧栄養型と正反対の湖である。栄養素が豊富で、水温が高く、濁っており、食物連鎖の最下層に位置するプランクトンが大量に棲息するため、魚もたくさん棲んでいる。「中栄養型」の湖は、澄んだ貧栄養型とスープのような富栄養型の中間に位置する湖で、ドイツ、オーストリア、スイスにまたがるコンスタンツ湖やボリヴィアのチチカカ湖はこの型に含まれる。

富栄養型の湖の寿命は長くない。植物と動物が繁殖しては死亡し、湖底にどんどん重なっていくため、魚や他の水生動物が生きていく空間が失われ、やがて水自体もなくなってしまうのだ。ある時点で、富栄養型の湖は、湖というより沼地や湿地と呼ぶべきものに変じ、最終的には完全に消え去って陸地になる。

この変化は、数万年以上かかる自然の老化現象とでも言うべきものだ。しかし、二〇世紀になって、人間がまともな下水処理をほどこさずに化学系産業廃棄物を流し込み、藻類に過剰な養分を与え始めると、この過程は自然とは呼べないものに変わってしまった。

人間によって引き起こされた藻類の大発生の被害が最もひどかったのは、二〇世紀半ばのエリー湖である。汚水から栄養を得た藻類は当然のことながら朽ちて腐敗し、大量の酸素を奪ったため、湖はほとんどなにものも生きられない状態になったのだ。そのため、湖の数千平方キロメートルにわたる水域が「死んだ」ものとされた。

あまりの悲惨な状態に、新聞のコラムニストはエリー湖に追悼の辞を捧げたほどである。「いつも目の前にあり、船が航行する湖」と、一九六六年、ペンシルヴァニア州のある編集委員は記した。「しかしやがて、藻類とイトミミズのほかはみな死に絶えてしまうだろう」[12]。オハイオ州の編集委員はこう記している。「これほど大きなエリー湖を、私たちアメリカ人がカナダ人と力を合わせて死海にしてしまったという事実は、驚くほかないではないか」[13]

一九七一年、絵本作家のドクター・スースは、『Lorax（ロラックス）』を発表し、「死の湖」というエリー湖の評判を決定づけた。この絵本で描かれるのは、水が汚れすぎて魚が岸辺に上がらざるをえない世界である。「魚たちはひれを使って歩き続け、あまり汚くない水を求めているうちにひどく疲れてきます」とスースは書いている。「エリー湖でも同じくらいひどい状況だと聞いています」

当時の科学者、政治家、実業界のリーダーにとっての大きな問題は、このひどい藻類の繁茂は、いったいどのような栄養素の汚染によって引き起こされているのか、ということだった。これは決定的に重大な問題だった。なぜなら、ユストゥス・フォン・リービッヒの最少量の法則に従えば、藻類の繁茂の限定因子となっている一つの栄養素を特定できれば、理論上は、その栄養の放出量を減らすことによって藻類の繁茂を抑制することができるはずだからだ。

当時、容疑者とされたのは、窒素、炭素、カリウム、リンなどである。これらはすべて、湖に流れ込む下水の多くで見つかった元素だったが、生物学者は特に一人の容疑者に注目した。水のサンプルから、エリー湖に溶解しているリンの量が一九四二年から一九六七年の間にほぼ三倍になっていることがわかったが、[14]それはちょうど、エリー湖のみならずアメリカ中の水路で藻類の大発生が見られた期間に相当し、さらに、リンの豊富な合成洗剤が市場にあふれていた時期でもあった。

一九六〇年代末には、アメリカ合衆国は年間約一八〇万トンの洗剤を生産しており、[15]公衆衛生担当役人の計算では、下水に含まれるリンの七〇パーセントが、アメリカとカナダ中の家庭で使用された粉末洗剤から生じたものだった。[16]

当時の多くの消費者は、スープのような緑の水は、衣服をよりきれいにするために払わなければならない代償だと考えていたが、この見解は誤っていた。洗剤のリンの主要な役割は、硬水のミネラルを中和し、洗剤分子がきちんと効果を発揮するようにすることだった。簡単に言えば、当時のリン洗剤は水を軟水化することを目的としていたのである。P&G社のタイドは、重量のほぼ五〇パーセントがリン酸塩だった。[17]コルゲート・パーモリーブ社のアクシオンは六三パーセント以上、P&G社のビズはほぼ七四パーセントがリン酸塩だった。しかし、一九六〇年代には、アメリカ合衆国の大都市トップ一〇〇の家庭の三分の一以上にすでに軟水が供給されていた。つまり、当時、何千万人ものアメリカ人によって使われていた洗剤のリンは、基本的に、衣服をきれいにするという点では無意味なものだったのである。

それにもかかわらず、良心的な消費者がリンの少ない洗剤を選べるよう、製品にリン含有量を記したラベルを貼ることを求められたとき、洗剤メーカーは、そんなことをしたら逆効果になってしまうと主張した。ソープ・オペラの宣伝効果が効きすぎたというわけだ。

一九六九年に開かれた議会聴聞会で、ある洗剤産業の広報担当者はこう証言している。「私たちが行った調査、そして入手することができた他の情報から、完全な確信をもってこう断言できます。平均的な主婦は、［リンの］含有量が高いラベルを見れば、自動的に、より洗浄力が強力な洗剤だと考えるでしょう」[18]（傍点引用者）

洗剤産業にやっかいな洗剤成分に代わるものを使うよう求めたのは、またしても下院議員のヘンリー・ロイスだった。しかし、今度ばかりは洗剤産業も譲歩しようとしなかった。豊富な資金力を利用して（なにしろ、P&G社は当時、テレビ広告に最もお金をかけている企業だったのだ）、現代社会はもはやリンが詰めこまれた洗剤なしでは機能しないと主張する広報キャンペーンをしかけたのである。

一九七〇年の報告書で、アメリカ家屋保護・自然資源小委員会はこう記している。「石鹸・洗剤協会が提示する未来像は、実際、おそろしいものだ。アメリカは今、きれいなシャツか、きれいな水かの選択を突きつけられているばかりではない。もし［洗剤］産業の意見が正しいなら、アメリカ人が健康を保ち、疫病に襲われないためには、リンを洗剤に含め続けることが必要なのだ。これほどすばらしい化学物質のためならば、湖が富栄養型になってしまうことなど小さな代償と言ってよいかもしれない」[19]

洗剤産業を取り締まるべき立場にいるはずの政府の規制担当者の中にさえ、このような主張になびく者が出てくるほどだった。下水処理場を改善することによって、アメリカ中の店の棚にリン洗剤を置き続けられるようにする計画を提言する官僚さえいた。河川や湖に放出する前に、下水処理場が洗剤のリンを取り除けるようにすればよいと言うのである。アメリカ中の下水処理場を提案どおりに改善した場合の推定費用は、今日の貨幣価値にして約二六〇〇億ドルだった。

ロイス下院議員は、一九六九年の議会聴聞会でこの戦略のばかばかしさを指摘した。

「下水処理場に流れ込むリン酸塩の大部分は、主として二つの源——家庭用洗剤と、人間の排泄物から来ていますね」と、ロイスは、産業側に都合のよい計画を支持する内務副長官に尋ねた。

「はい、そうです」と副長官は答えた。

「そして、家庭用洗剤を製造しているのは、主として三社ですね？」とロイスは問い質す。

「そのとおりです」

「そして、人間の排泄物の製造者は、約二億人です。そうですよね？」

「はい、そうです」

「二億人を相手にするより、三社を相手にするほうがやりやすいとは思わないのですか？」[20]

この時期、洗剤産業は、大西洋沿岸のポトマック川からエリー湖、そして太平洋岸北西部に流れ込むワシントン湖にいたるアメリカ合衆国の水路、およびその間に無数に存在する河川・湖で爆発的に繁茂する藻類と、洗剤のリンとの間に、関連性があるという「証拠はない」と主張し続けた。[21]

しかし、科学がその証拠を提供しようとしていた。そして、それは想像できないほど大規模な形をとることになった。

一九五〇年代、一〇代のデイヴィッド・シンドラーは、ミネソタ州西部の家族経営の農場で働いたり、近くにある祖父の倉庫で約四五キログラムのジャガイモが入った袋を吊るしたりすることが多かったが、そういった作業をしないですむときには、変速ギアもついていない自転車で近所を走り回り、午後は思いを寄せる相手と過ごしたものだった。サリー、モード、ユーニス、メリッサ、リジー。クラスメイトでもなければ、同じ教会に通う子たちでもない。それは、ファーゴから約五〇キロメートル南東、シンドラーの家の近隣にある小さな湖だった。

当時のシンドラーには、思いを寄せたこれらの湖が何に分類されるのかわからなかったが、おそらく中栄養型の湖だっただろう――富栄養型のように、浅すぎたり、温かすぎたり、藻類でいっぱいだったりということもなかったし、貧栄養型のように、冷たすぎたり、深すぎたり、魚が少ないということもなかった。したがって、そのちょうど中間の中栄養型だったということだ。シンドラーが覚えているかぎり、どの湖も完璧だった。特に、最大長三キロメートル、木々に囲まれたリジーは理想的だった。

リジーのそばに住んでいたしわだらけのノルウェー人農場主は、シンドラーのような若い釣り人に五〇セントでボートを貸すことを副業にしていた。「樹皮を剝いだ木でできたボートは、特に木材がまだ膨張していない春には、水が入ってきたものです」とシンドラーは語ってくれた。「そのボートで湖に乗り出せば、数時間一人きりで座っているだけで、ウォールアイ（スズキ目パーチ科の淡水産の大きな釣魚で、北米北東部の湖・川に棲息する）がボートいっぱい釣れたものです」

しかし、農場主たちが湖畔の土地を湖岸線三〇センチメートルにつきわずか二〇セントで売り始めると、別荘が立ち並ぶようになり、湖はたちまち老化し始めた。避暑用の別荘とともに、これまでに近隣では出たことがない廃棄物を入れるための汚物集合タンクも設置されたが、あまり役に立たなかった。シンドラーによれば、使い古しの樽や、さびきった中古車をタンクとして利用していると自慢げに語る人さえいたという。「当時、こういったシステムはまともに規制されていませんでした」

わずか数年のうちに藻類が大発生して湖を汚染し始めたが、ミネソタ大学に進学した一〇代のシンドラーは、湖の周囲のそういった変化と、子供のころにあれほど美しかった湖がこんなに突然スープのようになってしまったことの間に、なんらかの関連性があろうなどとは思いもしなかった。

工学か物理学をやりたいと思ってミネソタに行ったときには、過去を懐かしむつもりはなかったが、いざ都会のキャンパスで過ごし始めると、みじめな気持ちになった。「閉じ込められているような気がしました」と彼は語った。「自転車で街から飛び出すこともできず、ただただみじめでした」

シンドラーの将来は、現在のノース・ダコタ州立大学（当時、シンドラーはムーUと呼んでいた）に友人を訪ねたことをきっかけに、劇的に変わることになった。大学二年生の冬休みのこと、シンドラーは友人の授業が終わるのを廊下で待って時間をつぶしているとき、ある教授とたまたま言葉を交わすことになった。教授は、熱量計という新製品を受け取ったところだと言った。熱量計とは、生物間を移動する熱――つまり、エネルギー――の流れを調査するために使われるきわめて感度のよい機器である。

ミネソタ大学で学生として熱量計にかかわる作業をしたことがあるとシンドラーが伝えると、教授は、実験を手伝ってくれないか、と言った。こうして翌年の夏、シンドラーは、ノース・ダコタの教授の実験室で、生物間の熱交換をきわめて微小なレベルで測定する骨の折れる作業を手伝うことになった。

熱量計で実際に測定するとき以外は長い待ち時間があったため、シンドラーは教授の本棚にある本を読んで過ごした。その中の一冊に、オックスフォード大学の著名な科学者、チャールズ・エルトンによる『侵略の生態学』（川那部浩哉・安部琢哉・大沢秀行訳、思索社、一九八八年）があった。この本はシンドラーをとりこ《フック》にした――かつてリジー湖でシンドラーがウォールアイを釣り上げ《フック》たように。これがきっかけで、シンドラーはノース・ダコタ州立大学に編入し、専攻も物理学から動物学に変え、生態学という新たに生まれつつあった分野の研究に没頭することになるのである。

シンドラーは、教室でも、実験室での熱量計を用いた作業においても、新たな大学で充実した学生生活を送った。大学のフットボール・チーム「バイソン」でも、体重九〇キログラムの守備のラインマンとして大活躍した。大学生活のあらゆる面ですばらしい成績を上げていたので、最終学年が始まるころには、研究の手伝いをしていた教授が、イェール大学かデューク大学の大学院に進んではどうか、と提案した。シンドラーにはもっと大きな野心があった。ローズ奨学金をもらって、オックスフォード大学で偉大なチャールズ・エルトン本人の教えを受けたいと思っていたのだ。それが自分にとって、いや、誰にとっても、きわめて望み薄の目標であることは重々承知していた。しかし、教育を受け続けるにはそれしか方法がなかった。経済的にとても苦しい状況にあり、一九六一年の暮れ、ローズ奨学金の志願者たちを乗せて面接試験が行われるオレゴン州のポートランドに向かって走る列車の中でも、食事をすることさえできないほどだった。その列車内のことを回想しつつ、シンドラーは言った。「みじめな気持ちで、腹をすかせて座席に座っていました。他の志願者たちはシェイクスピアを暗唱するなど、みんな楽しそうでした」

　面接当日の朝、シンドラーは有り金のすべてを使ってハンバーガーを買ったが、無理やり飲み込まなければそのハンバーガーがのどを通らないほど緊張していた。ドアを開けて面接室に入り、自己アピールを行った。面接者たちが予想外の質問を浴びせ始めたときには、胃が痛くなった[22]。そしてその質問には、実際にシェイクスピアに関するものもあったのだ――オセローと陰険なイアーゴーの人間関係について問うものだった。

　どう答えたかは覚えていないが、とにかく答えたことはたしかだった。すると今度は、芸術史や芸術理論などに関する質問が雨あられと浴びせられた。やがて、シンドラーは自分が話していることの内容をまったく理解していないということが室内の誰にも明らかになってきた。ついに一人の面接官が吐き捨てるように言った。「芸術を勉強しにオックスフォードに行きたいんだろう？　じゃあ、なんでそんなに芸術について無知なんだ？」

　シンドラーはこのとき、屈辱を覚えたというより、不思議に思った。そして、ローズ奨学金の応募用紙に、オックスフォードでlimnology（陸水学）を学びたい、と記入したことを思い出した。「面接官たちは学識ある人たちだったので、ラテン語の知識もありました。この言葉の語根であるlimnは、『素描する、スケッチする』という意味なので、この応募者は芸術に興味があるのだろう、と考えたのでしょう。そこでやっと勘違いが生じているということがわかりました」

シンドラーは、面接官たちに、自分がオックスフォードで学びたいと思っている学問のもとになっている言葉はギリシャ語起源なのだ、と無礼に聞こえないように伝えた。「limnologyとは淡水の研究なのだと説明しました」と彼は回想する。「すると彼らは、じっと座ってそのあと二〇分間、私の話を聞いてくれました」

一九六一年のクリスマス・イブ、シンドラーがローズ奨学金を勝ち取った三二人のアメリカ学生に入っているというニュースが、ミネアポリスの『スター・トリビューン』紙の地方面のトップを飾った。シンドラーは翌夏、すべての資産――釣り竿、散弾銃、排気ガスをもうもうと吹き上げる船外機――を清算し、イングランド行きの船の片道切符を買った。ミネソタ州の農場出身の少年が、オックスフォードのチャールズ・エルトンの実験室に向かうことになったのだ。

四年後、生態学の博士号を取得して北米に戻ってきたシンドラーは、実験室の壁にとらわれないキャリアを求めた。アウトドア主体のライフスタイルにとっても、自分が行いたいと思っている実験にとっても、実験室という環境は狭すぎると感じられたのだ。

シンドラーは、オックスフォードで学んでいる間に、エネルギーが湖を移動するさまを理解するために必要なのは、実験器具でも、黒板から生み出された「非現実的な」数学モデルでもないと確信するようになっていた。[23] 湖自体が実験室になれる可能性を秘めており、そこで生態系の実験が行えると考えていたのだ。もちろん、誰かが完璧な状態の湖を実験台にして、そこにさまざまな汚染物質を混入し、何が起こるかじっくり観察するということは、実現しそうもなかった。何十もの湖を対象にしてそのような実験を行う許可が与えられようとは考えられなかったのだ。

少なくとも、シンドラーが登場するまではそうだった。

オックスフォードからアメリカ合衆国に戻ってくると、シンドラーはイェール大学かミシガン大学の教員になることを考えて面接試験を受けたが、両大学とも実験室での研究を中心としており、そのキャンパスも、彼が生態学という分野に興味を持つきっかけとなった水域や森林から離れすぎているように感じられた。そこで結局、カナダのオンタリオ州に新設されたばかりのトレント大学に勤めることになった。他の大学のような学問的伝統はなかったが、シンドラーは近隣のあらゆる湖や森林で研究生活をスタートさせることができた。すると、わずか一年後に思いもよらない好条件のオファーが舞い込んできた。

カナダ連邦政府とオンタリオ州は、ウィニペグの南東約三二〇キロメートルにおよぶ荒野を分割することで合意し、エリー湖をはじめとする北米大陸の湖で藻類が大発生している原因を突き止める実験を湖で行ってくれる生態学者を探していたのである。一九六七年にヘリコプターによる公有地の大規模な視察が行われ、およそ五〇〇の湖が「湖全域の実験」の候補地として挙げられた。これに選ばれた湖は、巨大な実験用ネズミのような扱いを受けることになるわけだ。

生態学者たちは、問題解決につながるなら、研究対象となる湖でほとんどどんな方法を使ってもよいという許可を与えられた。大規模な研究室を離れたこの実験は、シンドラーにとってまさに願ったりかなったりのものだったが、土地の環境条件が非常に過酷なため、妻と幼い娘を連れていくことはできないと研究所長に言われたことにより、この仕事を心ならずも断ることになった。

シンドラーの上司となるはずだった所長の言葉にも一理あった。湖実験に選ばれた地域はきわめて辺鄙で、湖があちこちにあるため、そこをカヌーで、あるいは歩いて進んでいると変な考えにとりつかれかねない。広大な森林の中に湖が点在するというよりは、大きな湖の中に島が点在しているような気になってくるのだ。そして、当時、研究所が設立される予定の森の真ん中には電気も通っていなかった。

翌年、この革命的な屋外実験場がまだ本格的に動き出す前に、カナダ政府から再びシンドラーに声がかかった。今回は、妻と娘、それに生まれたばかりの息子も連れていってよいとのことだった。ただし、問題もあった。シンドラーは、二〇代でありながら、世界中から集められた一〇人以上の野外生物学者のリーダーに任じられる予定だったが、一家はその調査現場には住めないというのだ。

しかし、シンドラーはこの二度目のチャンスに飛びついた。一九六八年春にこの地にやってきたシンドラーは、すぐに、調査基地のテントやガタガタ音を立てる発電機からカヌーで五分ほどの小さな島に家らしきものを建てた。島に住めば、家と仕事場を行き来するのに、樺や松のもつれる木の枝をかき分けて進む必要がないというわけだ。こうすれば、シンドラーが何日も泊まりがけで調査基地にいるときでも、妻が、野生動物、特にクロクマと出くわして危険な目にあうのがこわい、と不満を言うこともないだろう。その年の夏には、一家はその小さな島の三×四メートル四方の赤いテントに移り住んだ。生まれたばかりの息子のベビーベッドは、実験所の測深器が入れられていた木の箱を改造して作られた。

同僚たちはすぐにシンドラーの集中力と根気に唖然とすることになった。「朝食を食べにやってきて、実験所に戻り、また昼食を食べにきて、実験所に戻り、また夕食を食べにきて、実験所に戻るといった彼の行動を見ていると、いつも畏敬の念がこみあげてきました。最後に実験所から出てくると、ブリーフケースを持ってボートに飛び乗り、家へと湖を漕いで帰っていくのです」と元同僚の一人は回想する。「一日三時間しか寝ていないと言っていました。このプロジェクトに全身全霊を傾けていたのです。そんな人を見たら、自分も一生懸命やらないと罪悪感を抱いてしまいますよ」

生物学者たちの最初の作業は、湖それぞれの性質、温度、深さ、水生生物を調査することだった。シンドラーたちはカヌーを、そして必要であればヘリコプターを使ってこの仕事を行った。シンドラーがヘリコプターのフロートの上に乗って水のサンプルをすくい上げなければならないこともよくあった。ヘリコプターのエンジンから吹きつける排気ガスがひどかったため、時には嘔吐することもあった。

最初の夏の終わりには、単に「実験湖地域」として知られるようになった辺境の地の科学者たちは、正式に生態系の調査をすることが決まった数十の湖の身体調査を終えた。

本格的な実験を行う準備が整ってしまえば、シンドラーの計画は単純だった。洗剤産業の主張は、エリー湖の藻類問題の根本原因はリンが大量に含まれた汚水ではなく、炭素が多く含まれる家庭下水であり、それは当然洗剤産業の責任ではない、というものだった。シンドラーは炭素説を検証することにした。

「湖227という湖がありました」とシンドラーは語った。「私は、その湖でこの炭素原因説の正否を判定する実験をしたいと考えていました。そこで、こう言いました。『湖全域に窒素とリンを混入しましょう。もしそれでリンが大発生すれば、炭素原因説は完全に否定されることになります』」

実験は、翌一九六九年の春に始められた。実験場となった面積一二エーカーの湖にたどりつくには、ベースキャンプからカヌーで八キロメートル漕いでいかなければならなかった（途中には陸路を進まねばならないところも二カ所あった）。ベースキャンプ自体も調査基地から非常に遠いところにあったので、トレーラーやテント、発電機、実験器具を持ち込むために、木や岩だらけの土地に「道路」を切り開かなければならないほどだった（今日でもこの道はひどい状態のままだから、ここを訪ねようと思うなら、レンタカー保険を余分に払っておくのが賢明だ。絶対に）。

調査用ボートを湖227に運ぶだけでも大仕事だった。ヘリコプターのフロートの間に結びつけなければならなかったのだ。

シンドラーの同僚の一人は、最初の湖全域実験を実施した日のことをいまだに覚えている。シンドラーたちは、グラスファイバー製のボートの一〇馬力のエンジンをかけ、湖の真ん中へ進んでいった。そこでエンジンを切って、ボート後部の排水栓を引き抜いた。動きを止めたボートで排水栓を引っ張れば、それは排水の役目をはたすことはない。ボートの底に穴が開いただけだ。水が流れ込んできた。

水がたちまち足首のあたりまで入り込んでくると、彼らは排水栓をはめ直し、リンと窒素をベースにした市販の肥料を二、三袋分ボート内の水に投入して、その大量の栄養素カクテルをパドルでかき混ぜた。排水栓を再び引き抜き、水で満たされたボートを発進させて湖を周回すると、肥料を多量に含んだボート内の水が排水孔から流れ出ていった。炭素問題に決着がつくのに長くはかからなかった。

「二週間後には答えが判明しました」とシンドラーは語った。「藻類が大発生したのです」

科学者たちは湖に炭素をまったく加えていなかったのだから、淡水で藻類が大発生する原因が人間の排出する炭素であるとする説は成り立たなくなった。とはいえ、窒素とリンを加えたあとであれほどの藻類の大発生が起こるには、自然に存在する炭素だけでは足りないはずだ、というのが生態学者たちの考えだった。

湖227の実験の結果に関して、シンドラーは「私たちにとってとても魅力ある課題は、藻類があんなに大発生するほどの炭素がどこから来ているのか、という謎を解き明かすことでした」と語った。研究者たちは、一日中炭素濃度を計測し続けた結果、藻類は光合成をして生長する昼間に、湖の利用可能な炭素を消費していることを発見した。

日が沈んで藻類が光合成をやめた夜の間に、炭素が減少した湖はいわば深呼吸でもするように、大気中から二酸化炭素を取り込んで化学バランスをとっていた。調査の結果、毎朝、日が昇って藻類が再び生長を始めるタイミングに合わせるかのように、水には新鮮な炭素が自然に供給されていることがわかった。こういった発見がなされるからこそ、研究者たちは大規模な実験を行ったのだ。夜に深呼吸して二酸化炭素を取り込むという湖全域の驚くべきはたらきは、実験室で行うようなレベルではおそらく再現できなかっただろう。

シンドラーによれば、実験結果が知れ渡ると、洗剤産業は藻類の大発生の責任を炭素から別のものに転嫁しようとした。

「湖227の実験結果は、炭素が湖の富栄養化の主要因だと主張する人々を黙らせることにはなりましたが、リン洗剤に大きく依存する石鹸・洗剤産業は、リンだけを規制しても問題の解決にはつながらないと、あいかわらずの論陣を張ったのです」とシンドラーは回想した。「多くの湖で行われた小規模な実験では、一年中、あるいは少なくとも一時期は、窒素が主要因だということが示されていたため、窒素も規制すべきだと主張してきたのです」[24]

そこでシンドラーは、次に窒素説を検証することにした。ピーナッツのような形をした湖226を実験場に選び、その真ん中に、こちらの岸から向こう岸まで、そして湖底から湖面までポリウレタンを設置して湖を二分した。調査員たちは、石油流出遮断用の材料でできた巨大シャワーカーテンをつなぎ合わせ、湖面に浮かべたフライラインから吊り下げたのである。潜水作業員たちが湖底の重い岩の下にその端を押しこみ、カーテンを閉めたのだった。

こうして二つに区切ることにより、一つの湖が突然二つになったわけだ。どちらの湖にも炭素と窒素が加えられたが、片方だけにはさらにリンも入れられた。またもや、栄養素を与えてから数週間後に、片方の湖がはっきりとあざやかな緑に変色した。リンを投与された湖のほうだった。「ある日、ヘリコプターによる調査を行った実験助手の一人が来て、『あの湖の景色を見るべきだよ』と言いました」とシンドラーは語ってくれた。「それで、私たちはカメラを持ってヘリコプターに乗り込み、あの有名な写真を撮ったのです」

カーテンを挟んで一方に澄みきった紺碧《こんぺき》の水、もう一方にゴルフコースのような緑の水というこのコントラストは、リンが藻類問題を引き起こしているわけではないという洗剤産業の主張に大打撃を与えるものだった。

もちろん、リンは湖の藻類の大発生を引き起こす唯一の栄養素というわけではなかったが、湖226の実験およびその後に行われた実験の結果、すべての淡水水域ではないにしても、そのほとんどにおいて、リンが藻類の繁茂の限定要因であると、シンドラーたちは確信した。現在では、一部の湖では窒素が限定要因になることもありうるという説を唱えている研究者もいるが、シンドラーは亡くなるまでその考えを鼻で笑っていた。

シンドラーの議論によれば、リンを減らせば藻類の大発生も減る、ということになる。この現象を、条件の異なる湖の一リットルあたりのリンの量と藻類の濃度を示す棒グラフを使ってさまざまな州議会で説明するとなると、大変な苦労を強いられるが、ヘリコプターから撮った写真があれば話は簡単だった。

「わかりやすい写真こそ、聴聞会で必要になるものなのです。聴聞会メンバーの多くは科学にうとく、こちらがデータを詳しく説明しても、目が泳いでいるのがわかります」とシンドラーは語る。

「もし写真に一〇〇〇語の価値があるとすれば、科学の世界では、写真はおそらく一〇万語の価値があるのです。写真は、リンの役割を説明するのにとてつもなく効果的でした」

シンドラーが写真による証拠を手にする前から、大衆はすでに、公共用水に排出されている数百トンにのぼる化学物資が藻類の大発生を引き起こしているわけではない、という洗剤産業の主張を怪しいと考えるようになっていた。最も厳しい批判は、思いがけない方向からやってきた。「エリー湖は最悪だ。タホー湖は危機に瀕している。ピュージェット湾は生態系の悪夢だ。チャールズ川は恥さらしだ」と告発する広告が、一九七〇年にアメリカ中の新聞に掲載された。「時間は残されていない。今この汚染問題の解決に着手しなければ、解決不能になってしまうかもしれない。そうすれば、私たちは今後ずっとごみの世界に住み続けることになるだろう」[25]

汚染の原因として洗剤のリンを名指しする文面がさらに続いていたが、この半面広告は、シエラクラブのような自然保護組織や他の活動家団体によって出されたものではなかった。タイドの競合製品となる、環境に配慮したリンの少ない洗剤を売り出し始めた企業が出したものだったのだ。広告には、リンの濃度が高いブランド名ばかりでなく、それらの競合商品に含まれるリン酸塩の割合まで記載されていた。

広告が出された一九七〇年、アメリカの洗剤産業は、商品のリン含有量を八・七パーセント未満に制限することで合意した。[26]それでも十分ではないと考えたシカゴは、同年、リン洗剤を一切禁止する法令を出した。P&G社はこれに対して連邦裁判所で争ったが、敗訴した。インディアナ州がこれに続き、州全体ではアメリカではじめてとなるリン洗剤禁止令を出した。洗剤産業はこの法律に対しても訴訟を起こしたが、またも敗訴し、[27]デトロイトや、オハイオ州のアクロンでも同じことが繰り返された。

一九七三年以降、インディアナ州の範に倣う州が増えたため、一九九〇年代半ばには、洗剤業界は自主的に家庭用洗剤からリンを取り除いた。[28]洗剤のリン増進剤に取って代わったのは、主として炭酸ナトリウムだった。炭酸ナトリウムは今でもタイドの粉末洗剤に使われている。発売から七五年以上経っても、タイドは洗剤市場を支配しているのである。

食器用洗剤からも同じようにリンが消えていった。一九七〇年代には何十億ドルもかけて全国で下水処理場が改善され、それ以降、下水から公共用水に流れ込むリンはさらに減った。

そして、シンドラーをはじめとする当時の科学者たちが予見したように、藻類で覆われた北米の湖や河川の状況は、一九八〇年代を通じて改善していった。エリー湖の改善は急速に進み、一九八〇年代半ばには、ドクター・スースは絵本『ロラックス』の増刷分からエリー湖への言及を削除することに同意した。

現在、エリー湖では再び藻類の大発生が見られ、しかも、一九六〇年代のデッドゾーンの暗黒時代と同じほどひどい状況になっている――いやそれ以上にひどいと言ってよいかもしれない。今回は、腐敗した藻類はエリー湖から酸素を奪っているだけでなく、毒しているのだ。そして、一九七〇年代と同様、藻類の大発生はエリー湖に限ったことではなく、フロリダ州から太平洋北西岸までの湖と河川に広がりつつある。

またしても、リンが犯人だ。そしてまたしても、生物学者たちは産業にその責任があると主張している。

さらにまたしても、産業は罰を受けることなく汚染することを許されているのだ。

# 6章　毒の水

エリー湖は、一九五〇年代、オハイオ州トレドに住む少女サンディ・ビーンに消えがたい印象を残した。特に、夏のエリー湖の印象は強烈だった。ビーンの父はドライ・クリーニング事業を営んでいたが、毎年七月四日の独立記念日には仕事を休み、州境を越えてすぐのところにあるミシガン州のエリー湖畔の別荘を一家で借りた。

ビーンの父は、最初の一週間は休暇をとり、二週目には毎日車で三〇分かけて仕事に出かけた。その結果、ビーンと妹、そして友人たちは、蒸し暑い都会を離れ、監視する人のほとんどいない長期休暇を満喫することができた。朝には小さなボートを借りてイエローパーチを釣った。午後には、湖を泳いだり岸辺で跳ね回ったりした。夜には、朝釣った魚にパン粉をまぶし、バターで炒めた。

北東の風が強くなって湖面が荒れたときには（毎夏、数日続けてそうなることがきまってあった）、ビーンたちは岸辺できれいな石を探したり、奥地でハイキングしたりした。どっちにしろ、ビーンははだしになったため、夏休みの終わりには毎年足の裏が硬くなり、キャビン近くの車道の路肩の砂利の上を跳ね回っても平気だった。「一年でいちばん好きな時季でした」とビーンは語る。

「幼いころから、将来何になったとしても、エリー湖のそばで暮らすことだけは絶対やめられない、とわかっていました」[1]

一九八七年、エリー湖が一九六〇年代と七〇年代の洗剤による「死海」状態から回復しつつあったとき、ビーンと夫はトレド近くのエリー湖の西岸に家を建てた。その時点では湖の水質は劇的に改善しており、ビーンは車に飛び乗って休暇旅行に出かける必要を感じなかった。子供たちは裏庭の湖畔ではだしになって夏の日々を満喫し、「アイランド号」と名づけたいかだを停泊させ、その周辺で泳いで遊んだ。

今ではそのアイランド号もなくなってしまった。一九八〇年代、九〇年代に湖の復活の象徴となっていた紺碧の水もまた消え去った。エリー湖が再び大発生した藻類で覆われるようになったため、家族の誰かが靴を脱いで最後に湖に足の先を浸したのがいつだったか、ビーンはもう思い出すことさえできない。一家が泳ぐことがあったとしても、今ではそれは裏庭の塩素消毒済みの小さなプールの中だ。湖のスープのような水が原因でビーンの夫が耳に炎症を負うことが重なったため、一家はプールをつくったのである。エリー湖の悲惨な状況を目にして、ビーンはある使命をはたすべきだと感じるようになった。

ビーンは、まるで船の中のように仕立てられたリビングで、「私はただただ、あの湖が緑に変色してほしくないのです」と語ってくれた。

ビーンが言う緑とは、ピクルスジュースのような緑ではない。大量のペンキをぶちまけたようなエメラルドグリーンである。そしてそれは有毒なのだ。

今日のエリー湖の藻類の異常発生は、洗剤メーカーや産業廃棄物、あるいは下水処理場の排水によって引き起こされたものではない。これらの汚染源は、現代の汚染廃棄物関連の規則によって厳しく規制されている。しかし、農業は同様の規制を受けておらず、その農業こそが藻類の異常発生を引き起こしているのだ。もっと具体的に言えば、エリー湖の藻類問題は、湖の西端、広大で穏やかで肥沃なマウミー川の入り江に耕作地から流れ込む過剰なリン肥料によるものなのである。

白人が入植する前、マウミー川流域は「グレート・ブラック・スワンプ」として知られていた。この約四〇〇〇平方キロメートルの低湿地帯には多くの野生動物が棲息し、何千年もの間、エリー湖に注ぐ栄養素の豊富な濁った雨水の自然のフィルターとして機能していた。一九世紀以降、白人の植民者たちは水路や地下に設置したパイプによって沼地の水気を取り除いた。かつて低湿地帯であったマウミー川流域は、現在、トウモロコシや大豆（これらより量は少ないが、小麦や干し草、オート麦も栽培されている）が一直線に何列にも植えられた三〇〇万エーカーの畑となり、畜産場も激増している。[2]かつては巨大な浄水場システムの一部を成していたマウミー川は、今では毎年何千トンもの過剰な農業由来のリンを直接エリー湖に流し込む注射器のようなものになってしまっているのだ。農場主は責任を回避しようとしているが、これこそがエリー湖が現在大量の藻類で覆われている主要因であることはまちがいない。

農場主は、下水処理場が出す汚水や産業公害、肥料を大量に用いるゴルフ場や芝生、さらには自家所有者の浄化槽の水漏れこそ藻類発生の原因だと主張している。その主張が完全に誤っているとは言わないが、これらを全部合わせても、マウミー川からエリー湖に毎年流れ込むリンの一五パーセントを占めるにすぎない。残りの八五パーセントは農業によるものだ。[3] ただし、湖のリン問題の解決に努めている生物学者たちが認めているように、マウミー川流域の農場主が近年、全体的に見れば、作物に使用する工場で作られた化学栄養素の量を実際に減らしていることは事実である。

農場主はまた、政府の規制担当者と協力して――公共の資金を使って――使用した化学肥料が作物に吸収される前に土地から流出しないよう対策を講じている。政府は農場主が「被覆作物《ひふく》」を植えるのに必要な資金の援助も行っている。被覆作物とは、夏の栽培期が過ぎたあとで、余分な肥料を吸収した土壌からリンが湖に流出しないようにすることを目的として植えられる作物だ。畑の端に野菜を植えて緩衝地帯を作っている農場主にも、政府が補助金を出している。エリー湖に注ぎ込む水路や小川に流れ出してしまう前に、リン分子を食い止めようとする試みだ。ゲートを設置して、田畑の貯留水排出用の地下のパイプ内を流れるリン汚染雨水の速度を落とそうとするプロジェクトにも、公的資金が投じられている。

それでも、藻類の大発生は続いている。

一つの原因は、化学肥料が比較的安かった時代に過剰に肥料が投与された畑から流出する「遺産」リンである。気候変動も追い打ちをかけている――春に豪雨が襲うことが多くなり、農場主が散布した肥料が作物によって吸収される前に流れ出てしまうのだ。近年では、畑を駐車場のように滑らか、かつ平坦にする「不耕起栽培」を採用する農場主が増えているため、この春の豪雨はいっそう厳しい問題になっている。不耕起栽培は表土の流出を防いでくれるが、四月に豪雨が襲うと、毎年秋に散布される最上層の肥料が溶け出て湖に流入してしまうのだ。

しかし、環境保全団体「エリー湖ウォーターキーパー」の理事をつとめるビーンは、湖のリンの大発生の主要因は、マウミー川流域で爆発的に増えている家畜だと考えている。「もちろん化学肥料にも責任の一端はありますが、家畜による肥やしの問題は隠蔽《いんぺい》されています」とビーンは言う。「ひそかに責任を逃れている現状は言語道断です」

二〇世紀のエリー湖の汚染によってリン洗剤は禁止され、一九七二年に水質浄化法が制定された。この法律により、都市や企業は、アメリカ中の河川、湖、沿岸水域に流れ込む肥料その他の汚染廃棄物を激減させることが求められた。しかし、この画期的な環境保護法は農業にはほとんど規制をかけなかった。

当時は、洗剤からリンを取り除き、企業や都市から流れ出る栄養素の豊富な排水を減らせば、アメリカの水は十分に栄養素が減り、水質も改善されると考えられたのである。これらは最大のリン汚染源だったし、こちらを規制するほうが、農地からにじみ出る拡散した（規制用語で言えば「非点源汚染」の）化学肥料や肥やしの汚染を抑制しようとするよりはるかに取り組みやすかった。パイプ内を流れる「点汚染源」は対策のしようがあるが、何百万エーカーの開けた土地に広がる汚染物質（過剰な栄養素）となると、そうはいかないからだ。

とはいえ、水質浄化法が制定されて半世紀が経つが、その間、アメリカの農業は劇的に変化したため、「点汚染源」に近いものになっている。

今日のアメリカの農業の大部分は産業規模で行われている。一万頭以上の家畜を所有する農場主は、まるで工場のように、決して「拡散した」とは言えない予測可能な汚染物質（肥やし）を毎日生産している。農場主はその肥やしを液状化し、何百万ガロン（一ガロンは約三・八リットル）も貯水できる、池ほどの大きさがある下水だめに流し込む。この下水だめがあふれ出さないように、農場主はリンの豊富な排泄物を定期的に畑に撒かなければならない——畑がもうこれ以上栄養素を必要としない場合でも、そうせざるをえないのである。

これらの工場化した飼育場のうち最大規模のものは、政府の規制当局によって集中家畜飼養施設（CAFO）と呼ばれている。これらの施設は、家畜小屋や汚水だめなど、飼育場の中で肥やしが集中する場所で肥やしをどう管理するかを規制する許可証をもらうことが義務づけられている。しかし、これらの許可証は強制力が弱いことが多く、飼育場から肥やしが運び出され、近くの牧草地に撒かれてしまえば、規制がおよぶ範囲はそこで終わりである。規制当局に肥やしの生産量やその廃棄方法、廃棄場所を知られたくない飼育業者は、飼育場の大きさを一定の規模にとどめればよい。そうすれば、飼育場がまだ十分巨大と考えられるサイズであったとしても、ごまかすことができるのである。

たとえば、オハイオ州では、養豚場は豚が二五〇〇頭未満であれば、家禽飼育場は卵を産む鶏が八万二〇〇〇羽未満であれば、酪農場は牛が七〇〇頭未満であれば、ほぼ無規制の状態で、公共の目に触れない形で肥やしを廃棄することができるのだ。[4]

しかし、二〇一九年、自然保護活動家たちが航空写真を使って近年の飼育場の拡大の様子を分析した結果、肥やし問題がマウミー川流域でどれほどひどいものになっているかがはっきりしてきた。

飼育する動物の種類により、必要な屋内スペースの基準が政府によって定められている（乳牛一頭につき七・四平方メートル、豚一頭につき七〇〇〇平方センチメートル、卵を産むメンドリ一羽につき四三〇平方センチメートル、といった具合である）。建築物の外観からどの動物が飼育されているかは明らかだから、論文の著者たちは、新たに建てられた、あるいは増築された飼育場の写真を分析することによって、家畜小屋の大きさや形をもとに、その中にいる動物の種類と数を計算した。完璧な調査とはいえないかもしれないが、これにより、政府の規制当局のものも含めてこれまで行われたどんな調査よりも正確な家畜数の推計を出すことができた、と自然保護活動家たちは主張している。

そしてその結果は驚くべきものだった。二〇〇五年から二〇一八年の間に、マウミー川流域の家畜の数は倍増して二〇〇〇万頭になり、その地に撒かれた肥やしをベースとするリンの量は年間一万六〇〇〇トンに達し、六七パーセント増加していたのである。

この地域の飼育場全体で産出している排泄物は、数百万以上の人口を抱える都市に匹敵する。しかし、両者には違いがある。都市であれば、下水処理場が人間の排泄物を処理して、リンをはじめとする汚染物質を多量に取り除いてくれる。しかし、マウミー川流域の肥やしは、化学的・生物学的汚染物質を取り除く下水処理をほどこされることがない。翌日に新たな糞が排泄されるスペースを空けるため、家畜の糞は耕作地に撒かれるのである。毎日生み出される排泄物は、マウミー川流域外に運び出されることはほとんどない。そのような大量の排泄物を輸送するのは費用がかかりすぎるのだ。経済的事情から、ほとんどの肥やしは、排泄した動物から約一六キロメートル以内の範囲に撒かれることになる。

　そして、トウモロコシの穀粒や大豆、小麦の茎によって吸収されないものは、平原のように平坦なマウミー川流域であっても、この世のあらゆるものが従う法則に従うことになる――つまり、下方に流れていくのだ。そしてマウミー川流域の場合、その下方というのは最終的にはエリー湖のことである。

　オハイオ州の農場主のビル・マイヤーズは、エリー湖西岸のマウミー・ベイ州立公園から通りを一つ隔てたところで、トウモロコシ、大豆、小麦を栽培している。一九世紀後半にドイツから移住した曽祖父母が農業を始めた土地だ。肥やしを大量に生み出す場所から耕作地が遠く離れているため、マイヤーズは動物の排泄物を肥料として使ってはいないと言う。ただし、費用対効果のよい肥やしの供給場があれば、動物の排泄物を使うだろうとも語ってくれた。動物の排泄物は、豊富な肥料養分を供給してくれるばかりか、土壌を健全に保つ有機物も含んでいるからだ。しかし、マウミー川流域で生み出される肥やしの何パーセントかは――正確な割合はわからないということだが――有機物や栄養素をそれ以上必要としていない田畑に撒かれているということをマイヤーズは認めている。もし定期的にばらまかなければ、マウミー川流域の飼育場経営者は肥やしで溺れてしまうからである。

　マイヤーズは、いたずらっぽく共犯者めいた目配せをしながらこう語った。「彼らは自分の尻ぬぐいをしようとしているんですよ」[6]

　マイヤーズは他の人々に劣らずこのことにいらだちを感じているが、それでも、飼育場経営者たちが排泄物を安上がりに廃棄することで富を得ようとしている、とは考えていない。大半の飼育場経営者は単に生き延びるためにそうしているのであり、二一世紀に農業で暮らしを立てることが経済的にいかに大変なことか、一般大衆は理解していない、とマイヤーズは言う。彼が毎日一四時間働いて得られる収入は、年間三万五〇〇〇ドルから五万ドル程度ということだ。

「当然、私たちも生きていかなきゃなりませんからね。ただでやってるわけじゃないんで」と、マイヤーズは下唇から嚙みタバコをあふれ出させながら言った。「あんただって、金なんか気にしないでただでノート片手に歩き回っていろんな人にインタビューしてるってわけじゃないでしょう？誰だってお金はいりますよ」

マイヤーズによれば、多くの農場主がエリー湖のリン問題に責任があることを認識していて、その解決のためにできるかぎりのことをやっているのだという。しかし、マイヤーズは同時に、少数の農場主が非常に大きな汚染源になっていることも認め、マウミー川流域の約二〇パーセントの農場主が肥やしによる汚染の約九五パーセントを引き起こしているだろうという推測も語ってくれた。我慢の限界を超えるほど状況が悪化していることを鑑みれば、ビーンのような人々が農場主の肥やしの管理方法をしっかり規制するよう政治家にはたらきかけるのも当然だとマイヤーズは考えている。

「湖の藻類がひどい状態になることがあるのはしかたありません。それを一〇年に一度くらいに減らすことができれば、生きていけます」とマイヤーズは言う。「湖が一〇年のうち九年藻類で覆われていたら、人々はどうしようもありません。そして今、まさにそういう状態になっているんです」

二〇世紀半ばにエリー湖の藻類問題が解決されたのは、洗剤からリンが取り除かれたためばかりではなかった。下水処理場の改善にも約八〇億ドルの資金が使われ、これによって、アメリカ中西部の州がエリー湖をはじめとする五大湖に排出する下水に含まれる栄養素の量が激減したのである。この下水処理場の改善は、アメリカ合衆国、カナダ共同のエリー湖回復計画の一環であり、湖に流れ込むリンの量を年間平均二万九〇〇〇トンから一万一〇〇〇トンにまで削減することが求められた。規制当局は、これだけ削減すれば藻類問題は解決すると計算したが、その計算は正しかったのである。

現在、湖に流入しているリンの総量は、この一万一〇〇〇トンを下回っている。それにもかかわらず藻類が再び大発生しているのは、農地から流れ出るリンの多くが、溶解してきわめて強力化した形で湖を襲うからである。

一九六〇年代と異なる点がもうひとつある。かつて大発生した藻類は複数の種類から成っており、そのほとんどが無毒性のものだったということだ。現在大発生している藻類のほとんどは藍藻で、これがエリー湖をはじめとするアメリカ中の河川や湖を覆いつくしている。

実は、藍藻というのは厳密に言うと藻類ではなく、光合成細菌の一種である。藍色細菌とも呼ばれるこの単細胞生物が生み出す肝臓毒は、犬を死に至らしめるほど強力で、汚染された水域で泳いでいた人が誤って水を飲んでしまうと、数秒のうちに嘔吐することさえある。

藍色細菌は有毒ではあるが、完全に自然に存在するものである。化石記録から、藍色細菌は三五億年以上前から地球上に存在したことがわかっているが（最古の岩石は、およそ四〇億年前に生まれたものである）、これが地球によい影響をもたらした。藍色細菌は文字通り地球に生命の息吹を吹き込んだのだ――藍色細菌の呼吸によって大気に十分な酸素が吐き出され、二〇億年ほど前に、人類を含めた今日存在するような生命体への扉を開くことになったのである。

しかし、リンを好むさまざまな種類の藍色細菌は強力な毒素も生産し、この現象は一世紀以上前から観察されている。一八七八年に『ネイチャー』誌に発表された記事で、オーストラリアのある化学者は、マレー川河口近くの湖に「緑の油性塗料のような膜」が張り、「粥《かゆ》のようにどろどろ」になっていると報告している。[7] 彼の観察によれば、湖の汚染された水を飲んだ家畜はすぐに意識朦朧《もうろう》となり、痙攣《けいれん》して倒れてしまった。化学者はその後、毒性の水を他のさまざまな動物に飲ませてみたが、毒が効き始める時間は動物の種類によって異なっていた。「羊は一時間から六〜八時間、馬は八時間から二四時間、犬は四時間から五時間、豚は三時間から四時間」。その時間差はどうあれ、有毒藻類に極度にさらされた結果は同じだった――死である。

南アフリカの研究者たちも、二〇世紀初頭に、馬、ラバ、ロバ、野ウサギ、家禽、水鳥に加え、「何千頭もの」牛や羊が藻類に汚染された水域が原因で死亡していると報告している。藍藻で汚染された南アフリカの貯水池の水を与えられたことが原因で死亡した家畜の死体を解剖したところ、肝臓にひどい損傷を負っていることがわかった。血液をきれいにする役割をはたすべき器官が石炭のように真っ黒になっていたのだ。[8]

近年の有毒藻類の大発生の原因の一つが、カスピ海沿岸原産のカワホトトギスガイやクワッガガイである。湖底を覆うこの小さな濾過摂食者は、水中を漂うほとんどすべてのものを呑み込むが、藍藻だけは例外なのだ。その結果、藍藻は競合する生物がほとんどいない状態で繁茂することになる。そのため、近年では、エリー湖などの五大湖のような大きな湖であっても、こういった貝で汚染された状態で藻類の大発生が起こると、その藻類は有毒な種のものである可能性が高いのだ。

藻類の大発生がきわめてひどい年には、この藍色細菌はエリー湖の約五〇〇〇平方キロメートルにわたって広がることもあるし、農場主のマイヤーズが言っていたように、ここ一〇年はほぼ毎年ひどい状態が続いているのである。

藻類の大発生は、生物学者、遊泳者、漁業関係者の問題にとどまらない。二〇一四年八月には、藍色細菌によって生み出された毒素が、トレドの公共用水施設の管理下にあるエリー湖の吸水口に吸い込まれ、真夜中に役所が水を飲まないよう警報を発する騒ぎとなった。保健当局は、汚染された水を沸騰させても安全に飲めるようにはならないと警告した。それどころか、毒素が強まってしまうというのだ。

警報はすぐトレド中に知れ渡り、トレドの人々がパニックに陥ったため、警報が出されて数時間後には、トレドから車で一時間かかる店でさえペットボトル入りの飲料水が売り切れる事態となった。パニックが広がる中、オハイオ州中の警備隊が動員され、住民支援のため、ペットボトル入りの飲料水や運搬可能な水処理システム、乳児用調合粉乳などがトラックで運び込まれ、化学処理によって水が安全に供給できるようになるまで継続された。

この危機から二カ月後、飲料水を五大湖に依存している周辺都市の一〇人以上の市長がシカゴに集まり、五大湖周辺で二度とトレドのような事態が発生しないよう、必要な措置は何でも講ずると明言した――五大湖は三〇〇〇万人の飲料水の水源である。

この事件から四年かかったとはいえ、二〇一八年、アメリカ合衆国とカナダ政府は、二〇二五年までにエリー湖に流れ込むリンの年間総量を四〇パーセント削減することで合意した。

栄養素を削減するこのような方策をとれば、半世紀前にリンを削減して成功したように、今回もエリー湖は回復するだろうというのが、科学者たちの見解である。しかし、現在のところ、エリー湖の水質は改善していない。今回は、削減を義務づける新たな法律が策定されなかったからだ。農業従事者および彼らに反感を抱かれたくない政治家を除いたほとんどすべての人が激しく抗議したにもかかわらず、削減は基本的にすべて自由意志によるものとされたのである。

二〇一八年春の『トレド・ブレード』の記事には、「私たちが住む州では、議会は農業局の支援機関のようなものになりさがってしまっている。残念ながら、それが実情だ」という不満の声が掲載された。

この厳しい批判は、環境保護活動の専門家によるものではない。

トレド市長の言葉なのだ。

二〇一九年の真夏、私は、トレドの東約一〇〇キロメートルからフェリーに乗り、一〇〇人以上の科学者、政治家、環境保護活動家、農業専門家、記者、プロの漁業指導員とともに、エリー湖の島にある生態調査基地に向かった。そこでは、オハイオ州市民にとって毎年恒例の陰鬱なイベントが行われることになっていた——有毒藻類の大発生がピークを迎える夏の終わりに汚染がどの程度ひどいものになるかを公式に予測するのである。

その日は七月一一日で、エリー湖へと流れ込むマウミー川の河口に藍藻がぽつぽつと現れるにはまだ早い時期のはずだった。この現象が見られることは、藻類の大発生の季節が来たという重要な兆候なのだ。しかし、農場主が来るべき収穫期のために畑に撒いた肥料の申告量や、春の豪雨の激しさとタイミング、夏の間の水温、そして長期的な天候のパターンから、今日の科学者たちは、毒素が秋風や涼しさとともに去っていく前に夏の藻類の大発生がどれほどの規模になるかを驚くべき正確さで予測することができるのである。

アメリカ合衆国とカナダの目に見えない国境から南に約六・五キロメートルの場所に位置する緑豊かな島へ行くには、絶好の日和の朝だった。その島には小さな別荘が点在していたが、上空には、一〇七メートルの高さを誇る（ニューヨーク湾の自由の女神像よりも高い）記念碑がそびえていた。この花崗岩の碑は、一八一三年のエリー湖の戦いでイギリス艦隊を打ち破ったオリヴァー・ハザード・ペリーの栄誉を称えるものである。この戦いについて報告した指揮官宛ての手紙で、ペリーはかの有名な文句「我々は敵に遭遇し、そして彼らを我々のものにした」を書きつけた。

ペリーの言葉と同じくらい有名なのが、これをもじった、ウォルト・ケリーによる新聞連載の人気漫画『ポゴ』のセリフである。一九七一年の地球の日、四月二二日の連載で、オポッサムのポゴは、あらゆるごみが散乱した森林の地面を見てこう言うのだ。「我々は敵に遭遇し、そして彼らは我々自身だ」

偶然だが、この言葉は現在のエリー湖のための闘いにぴったりだ。ベーグルを食べ、アイスクリームを買い、家族でバーベキューを楽しむ人はみな、エリー湖の問題にいくらかの責任があると言えるからである——農場主のやっていることが問題だと思うなら、彼らが作ったものを食べるな、ということだ。

しかし、今日のアメリカの農業は食卓に出される食物を生産しているだけではない。マウミー川に排水を送り出している土地で栽培されたトウモロコシの大部分は、私たちのガスタンクのエタノールになっているのだ。それ以外の残りもののほとんどは、家畜のえさとして使われるか、清涼飲料水の甘味料に加工されるかである。同じ流域で収穫された大豆も、バイオディーゼルや動物の飼料のために使われている。

「現在その地域で栽培されているものは、実は人間向けではないのです」と、ミシガン大学の農生態学者ジェニファー・ブレッシュは語る。「正確に言えば、そのほとんどが他の商品のための原料になっているのです[10]」

しかし、オハイオ州西部の農業は、一つの産業というにとどまらない重要性を持っている——この地域のアイデンティティの不可欠な一部をなしているのだ。そして、それはエリー湖についても言えることである。

オハイオ州の民主党議員、マイケル・シーヒーの血にも、この葛藤が渦巻いている。シーヒーは、あの真夏の朝、私とともにフェリーに乗り込んだうちの一人である。シーヒーの母は農場で育ったし、シーヒー自身も、オハイオ州最大の産業で、政治的に最も影響力の強い産業でもある農業に対して最大限の敬意を払ってはいるが、農業がおよぼしている害悪については忌憚《きたん》のない意見を述べている。

「エリー湖は、神が地球に与えてくださった最もすばらしい贈り物の一つです。そのエリー湖に対して、これほど尊敬心のない侮蔑的な扱いをするとは、良心に照らして受け入れがたい行為です」とシーヒーは語ってくれた。私たちはフェリーから降りて、記者会見場に向かうところだった。その会見の場で、オハイオ州の農業当局者は、今年は大雨続きで農機具が水だらけの田畑に入れなかったため、栽培期に撒かれた化学肥料は例年の五〇パーセント未満だったと述べた。さらに、肥やしも例年に比べればわずかの量しか使われなかった、と付け加えた。これは怪しげな主張と言わざるをえなかった。人間同様、牛や豚、ニワトリだって、雨続きだからといって糞をするのをやめるはずがない。そして、肥やしだめの収容量が限られている以上、農場から出る肥やしは定期的に撒かれていなければおかしいのだ。

栽培期前に撒かれた栄養素は削減されたという報告にもかかわらず、見込みは暗いものだった。その日の調査員たちの報告によれば、春の豪雨のあとにも多量のリンが流れ込んでいたため、藻類の大発生は、州の一〇段階評価で七・五の規模になりそうだと予測されたのだ。それはつまり、トレドの飲料水システムを汚染した二〇一四年の大発生よりさらにひどい状況になりそうだということだった。

記者会見で発言したうちの誰一人として言及しなかった事実がある。州の規制当局は、水質浄化法の定めるところにより、エリー湖の西端を「水質基準を達成していない」水域に指定するという穏当な措置すらなかなかとろうとせず、環境保護活動家たちが起こした訴訟の結果、前年にようやくそれを実行したのだ。このときの裁決により、オハイオ州は毎年エリー湖の西側に流入するリンの量の上限を定めることを義務づけられた。ただし、この上限を破ったとしても罰則はない。そして、これも記者会見で誰も語ろうとしなかったが、この裁決にもかかわらず、その時点で州当局は上限を定めることさえ行っていなかったのである。

会見場で誰も語らなかった事実はまだある。一週間足らず前に、オハイオ農務省は、マウミー川流域の養豚場の規模を二倍にしてほしいというある養豚農家の要請に許可を与えていたのだ。これにより、四八〇〇頭の豚が新たに加わることになったが、これらの豚が年間に生み出す肥やしは約三八〇万リットルにのぼる。この養豚場が表明していた廃棄物の処理プランは――土地に撒くというものだった。

当時エリー湖貸しボート協会の副会長をつとめていた故デイヴ・スパングラーは、ボートで本土へ戻る帰途、首を横に振ることしかできなかった。彼は、自分が農業を支持していることについては誤解が生じないようにしてほしいと念を押したうえで、それでも、農業のせいで貸しボート業が犠牲になることはごめんだ、と言った。

「基本的に、強制力がなくすべてが自由意志に任されているから、湖は今もひどい状態のままなんです」とスパングラーは言った。「規制を強める以外の解決法は思いつきません。ほかに道はありません」

記者会見の前夜、私は司会のクリス・ウィンズローに会った。ウィンズローはオハイオ州立大学のシー・グラントの責任者である。シー・グラントとは、連邦政府から資金の援助を受け、公共用水に関する現実世界の問題解決のために学術研究を適用するプログラムだ。ウィンズローの意見では、エリー湖の回復のカギを握るのは、農業の改善――適切な種類・量の肥料を使い、適切な時期に、適切な場所に肥料を撒くなど――であって、必ずしも規制を強める必要はないということだった。

そろそろ多量の汚染物質を排出している農場主を規制する新しい法律を制定すべき時期なのではないか、と尋ねると、水産生物学者としての教育を受けたウィンズローは、「政府が私有地に勝手に入ってきて、その使用法についてあれこれ指図してくるなんていやでしょう」と答えた。

私は「ええ、そうですね。でも、問題は、個人が私有地で何をしているかではなく、その行動が下流――公共用水におよぼす影響です」

「ええ、おっしゃることはわかります」とウィンズローは言った。「共有地《コモンズ》の悲劇（経済学で、多くの人の利己的な行動によって共有資源が枯渇すること）ですね」

オハイオ州で実際に起こっているのは、常識《コモンセンス》が悲惨なまでに欠けていることだ。

数週間後、有毒藻類が大発生したが、その規模はほぼ科学者たちの予測どおりで、およそ一八〇〇平方キロメートルにおよんだ――ロング・アイランドの半分の面積である。

エリー湖の被害は、オハイオ州の官僚がリンの流出を止めるために最小限の措置さえとろうとしないために生じているが、エリー湖からおよそ七二〇キロメートル北西にある、ウィスコンシン州のグリーン・ベイで起こっているのは、また別の原因によるものだ。[11] 少なくとも、そのはずだ。

生態系の観点から見ると、ミシガン湖の約二〇〇キロメートルにおよぶ西岸は、エリー湖の西岸とそっくりである。ミシガン湖もまた、浅くて水温が高く、魚が大量に棲息している――そして、こちらもまた藻類の大発生の被害に苦しんでいるのである。オハイオ州の規制当局とは異なり、一〇年以上前、ウィスコンシン州の環境保全当局は、水質浄化法の定めるところにより、グリーン・ベイの南を「水質基準を達成していない」水域に指定した。この指定により、州はリンが大発生している湖に流れ込む栄養素の量を制限しなければならなくなった。しかし、まだ大きな成果は出ていない。州は好きなように削減計画を立案できるとはいえ、農場主が飼育場の規模を徐々に増大している中にあっても、汚染をもたらしている運営方法を農場主に強制的に変えさせる手立てはほとんどない。半世紀前（水質浄化法が定められたころ）には、一〇〇頭の牛を所有する農場主は大規模農場主と考えられた。現在、ウィスコンシン州では、八〇〇〇頭の乳牛を所有する農場主も存在する。

持続可能な酪農業の一般的なガイドラインによれば、牧草を食べる牛一頭につき、およそ二エーカーから三エーカーの牧草地が必要とされる。土壌のタイプや天候のパターン、牧草の種類が地域によって異なるため、これが絶対的な基準というわけではない。しかし、牛を飼うのに十分な牧草を生み出すためだけでなく、その土地が牛の排出する肥やしを安全に吸収するためには、基本的にそれだけの土地が必要なのである。そしてその肥やしが今度は土地の牧草の養分となり、牛がその牧草を食べ、牛がさらに糞をしてまた牧草が生える、ということなのだ。そしてこの好循環が継続するのである。

しかし、グリーン・ベイの南端のウィスコンシン州のブラウン郡（よくも名づけたり、といったところだ）を含め、アメリカ中の多くの農場主にとっては、そのような時代はとっくの昔に終わっている。「アメリカの酪農地帯」と呼ばれるウィスコンシン州の中心部に位置するこの急速に郊外化した郡[12]は、約一二万五〇〇〇頭の家畜を抱えているが、これらはおよそ一九万エーカーの農地に押し込まれている。[13]今日、ブラウン郡の牛の大半は牧草を食べているのではなく、家畜小屋で飼われ、農場で栽培された穀物をえさとして与えられている。ある試算によれば、これらの牛の一頭一頭が、人間一人の一八倍もの排泄物を出すという。その糞のどれひとつとして、グリーン・ベイの公共下水処理場で処理されることはない。ほとんどはグリーン・ベイの入り江に流れ込み、藻類の大発生を引き起こして、酸素の欠乏した「デッドゾーン」を作り出してしまっているのである。湖のあまりの惨状のため、魚たちはドクター・スースの絵本に描かれたように自らの棲む水から逃れようとしているほどだ。グリーン・ベイの湖畔の自家所有者たちは、窒息してバタバタ跳ね回る何千匹もの魚を水へ戻すために、リーフブロワー（空気をノズルから噴き出すことで、落ち葉や塵、埃などを吹き飛ばす清掃用機械）を使っているありさまである。

「頭にビニール袋をかぶせられたままでどのくらい生きていられますか」と、グリーン・ベイの魚の大量死を調査したある生物学者はかつて私に尋ねたものだ。「これらのあわれな魚が経験しているのは、それと同じことなんですよ[14]」

私は、一九七〇年代、グリーン・ベイに流れ込むフォックス川から一・六キロメートル足らずのところで育ったが、子供のころには、泳ぐことはもちろん、土手で遊ぶことさえ禁じられていた。両親の心配は、私が溺れてしまうのではないか、ということではなかった。彼らはフォックス川を汚水だめのようなものだと考えており、実際そのとおりだったのである。それ以来、川沿いに点々と立つ製紙工場から出る汚染物質は水質浄化法によって規制され、水質は劇的に改善した。しかし、グリーン・ベイのビーチはずっと遊泳禁止のままであり、その一因がブラウン郡の酪農業から大量に排出されるリンなのだ。

地球儀を見てほしい。淡水が好きな人にとって、ウィスコンシン州東部、そして八〇〇キロメートル近くにおよぶミシガン湖の沿岸ほど魅力的な場所は地球上にほとんど存在しない。一〇万五〇〇〇人の人口を抱える湖畔の都市で、開けた水域で泳ぐということは、決してばかげた考えではない。ごくふつうに行われていることなのだ。シカゴやロサンゼルス、ニューヨーク市といった大産業都市の子供たちは、近くのビーチで安全に水に浸かることができている。しかし、グリーン・ベイでは、近い将来にビーチで遊泳が再び許可されるほどリン削減が進むことはないだろう。それは、水質浄化法の効力のため——いや、効力のなさのためである。

水質浄化法の定めるところによるグリーン・ベイのリン削減計画では、グリーン・ベイの下水処理場はもちろん、製紙工場のようなリンを排出している企業も、高い費用をかけて下水処理を改善しなければならなかった。これらのリン排出企業は水質浄化法によってすでに排出量削減のために下水処理システムに何百万ドルというお金をかけており、これをさらに削減するとなると莫大な費用が必要になる。

かといって、水質浄化法では「非点源汚染」である農業は規制対象外なので、ウィスコンシン州の規制当局は農業に対して同じようなリン排出削減規制をかけることはできない。農業がグリーン・ベイにリンを流し込む最大の排出源になっているにもかかわらず、である。

農業、つまり化学肥料と肥やしは、グリーン・ベイに流れ込むフォックス川に毎年排出されるリンのほぼ五〇パーセントを占めている。[15] 処理済みの下水を川に排出している工場と下水処理場は、グリーン・ベイに流入するリンの年間総量のそれぞれ二一パーセントと一六パーセントを占めている。残りのリンの大部分は、豪雨の雨水によって流れ込んだものである。しかし、水質浄化法には農場主に運営方法を変えさせる法的強制力がないため、環境保全規制当局としては、すでに最新の水処理システムを採用している工場と下水処理場に対して、さらに改善を重ねるために何億ドルも金をかけさせるしか選択肢がないのだ。しかも、その選択肢をとったところで、環境保全上得られる恩恵は皆無に等しいのである。

グリーン・ベイの下水地区はこの板挟みの影響をもろに受けている。この下水地区は約二三万五〇〇〇人の住民の下水を処理し、毎年グリーン・ベイの入り江に約一二トン分のリンを送り出しているが、これは入り江の年間リン流入量の六パーセント未満にすぎない。

規制当局の話では、州のリン削減計画の目標を達成するためには、地域の年間リン排出量を約四トン削減しなければならないという。下水処理場作業員は、少量とはいえ下水からさらにリンを除去するために処理システムを改善するならば、約一億ドルの費用が必要だと言っている。[16] しかも、科学者たちの意見では、そうしたところで、グリーン・ベイの汚染レベルに与える影響はほとんど意味のないものにとどまるらしいのだ。グリーン・ベイに下水を流している企業だって同じことだ。こちらもまた、数十年にわたって自社の水処理システムを大幅に改善してきたのだから。「一〇億ドルかけることだってできますが、下手なやり方をすれば、それでもまったく水質が改善しないということもありえます[17]」と、州の規制担当者の一人は語ってくれた。

水質浄化法の農業関連の抜け穴に対処するために、グリーン・ベイの下水地区は、グリーン・ベイに流れる支流域で経営している一握りの農場主を対象としてある実験を行った。農場主は、畑から流れ出るリンを減らすことを目的とした農業方法——排水を緩衝する機器を取りつけたり、被覆作物を植えたりするなど——を運用する助成金を与えられた。下水地区としては、農場主に金銭的援助を与えて汚染しない農業運用をさせるほうが、工場や下水処理場が排出するリンを削減するために何億ドルも費やすよりはるかに費用対効果が高いことを示そうとしたのである。この実験は成功し、下水地区は現在、グリーン・ベイでのこのプログラムをさらに大規模なものにすることを計画している。

これは、規制と環境保護の観点から見て意味のある行動だ——最もリンの削減が期待できる分野にお金を使っているのだから。しかし、水質浄化法を改正して当局が農場主に汚染物質を流すことを規制できるようにすれば、そちらのほうがさらに意味のある行為であり、公平でもあると思わざるをえない。

汚染物質を流さないよう農場主に助成金を支給する計画について、下水地区の元従業員はこう語った。「私はグリーン・ベイ市でトイレの水を流していますが、地方税が増税になる予定です。増税は農業を支援するためです。なぜ下水地区が、区域外の人々の廃棄物に責任を負わなくてはならないのですか[18]」

ウィスコンシン州の規制当局は農場主にリン削減計画に従うよう強制することはできないが、それでも計画上はリンの排出量を激減させなければならない。グリーン・ベイに流れ込むとても小さい川の目標値だけをとってみても、リンの年間排出量を現在の一七トン以上からわずか二・七トンあまりにまで削減しなければならないのである。これを達成するには、その小川周辺で飼われている牛の頭数を大幅に減らすか、牛が生み出す肥やしの廃棄方法を劇的に変えるかしかないだろう。だが、この計画が始まって数年経っても、グリーン・ベイの汚染の大部分に責任がある農場主たちは、計画の詳細について無知なままだった。

私は、八〇〇〇頭の牛を飼う飼育場主に、どのようにして計画の削減目標値を達成するつもりか尋ねたことがある。彼の答えは、「私よりあなたのほうが詳しいんじゃないですか[19]」だった。

グリーン・ベイとエリー湖は、その広さと湖畔の人口の多さのために、藻類の大発生が新聞に取り上げられているが、同じような記事はアメリカ中の湖や河川についても書くことができる。実際、この問題がいかに広範囲におよび、深刻なものになっているかは、グリーン・ベイからそれほど遠くに行かなくてもすぐにわかるだろう。そのような事態になるとは思えないような湖でも、藻類の大発生が起こっているのだ。

その最たる例が、ウィスコンシン大学マディソン校のキャンパスの北端に位置する、面積約四〇平方キロメートルのメンドータ湖である。この大学の高名な陸水学センター（陸水学とは淡水の研究のことである）が湖畔に建てられていることもあり、メンドータ湖は、ここ数十年、世界で最も研究された湖の一つになっている。同時に、最も藻類の被害を受けている湖にもなってしまった。

予想できることかもしれないが、その原因は湖畔で行われている酪農業に行き着く。科学者の見解によれば、メンドータ湖には長きにわたってあまりに多量の栄養素が流れ込んだため、明日にでもリン――肥やしと化学肥料――の使用が禁止されたとしても、湖畔の土壌の栄養素レベルが湖に藻類の大発生を引き起こさない程度にまで低下するには数世代を要するということだ。

湖畔の学生会館には、救助員用の椅子が備えつけられたスイミングドックが依然として残されているが、夏の終わりに遊泳区域で目にするものと言えば、ワカモレ（アボカドをつぶしてトマト・タマネギなどを加えたメキシコ風ペースト）のようにどろどろと腐敗した藍藻だけだ。

学部生のカムリン・クルエトマイヤーは、二〇一九年の夏のある蒸し暑い午後、メンドータ湖の岸を越えて実際に湖上に乗り出したのを私が目撃した数少ない一人である。ただし、それは泳ぐためではなく、藍藻調査用の水のサンプルを採取する大学の調査ボートを一艘準備するためだった。クルエトマイヤーはマディソン育ちの二〇歳で、子供時代には夏にビーチで水をかけあって遊んだという。

今では、湖で遊ぶどころか、子供時代からの友人が病気になってしまったかのように、湖の面倒をみているというのが実情だ。「ここで育って、生きているうちにこのような変化を目の当たりにするなんて、本当につらいことです」と彼女は言った。「昔は夏の間ずっと湖で泳いでいたんです。今では七月になるともう泳ぐことができません。湖に入ることもできません。ただただ悲しいです」[20]

このような状況は、サンディ・ビーンのエリー湖、カムリン・クルエトマイヤーのメンドータ湖、そしてわが青春のグリーン・ベイに限ったことではない。二〇一九年末の『ネイチャー』誌の記事によれば、南極を除くすべての大陸の大きな湖を調査したところ、一九八〇年代以来、七〇パーセント近くで藻類の繁茂が悪化していた。[21] さらに、現在藍藻の大発生の被害を受けているアメリカの湖と河川を地図にすると――そこに現れるのはまさにアメリカ合衆国の地図そのものなのだ。

フロリダ州からメイン州、ワシントン州、カリフォルニア州南部、テキサス州、ノース・ダコタ州、そしてその間のほとんどすべての州に存在する何百という小川、河川、池、貯水池は、現在、リンが原因の有毒藻類の大発生に同じように悩まされている。毎年異常発生するこれらの藻類によって、アメリカ合衆国は、漁業や娯楽産業、飲料水の供給においてすでに四〇億ドルを超える損害をこうむっており、[22] 科学者たちの見解によれば、地球温暖化とリン流入のさらなる増加により、藻類の大発生は世界中でさらに悪化するだろうということだ。

有毒藻類の大発生に、生物学者たちはすでに困惑を隠せないでいる。水温が低く、栄養素も少ない（貧栄養型である）ため、藍色細菌の大発生が起こるはずはないと思われていたスペリオル湖でさえ、近年では被害に苦しんでいる。二〇一九年には、メキシコ湾ではじめて、淡水で見られるような大規模な藍藻の繁茂が発生した。多くの生態学者は、メキシコ湾のような塩水ではこのようなことが起こるはずはないと考えていた。

どうしてこういう事態になったのかを突き止めるため、私は、暑い八月のその日、マディソンでクルエトマイヤーのインタビューを終えたあと、車に飛び乗って、翌日に州主催のフェアが始まるアイオワ州へと向かったのだった。

# 7章　誰もいない海岸

アイオワ・ステート・フェアは、大統領選候補が一般市民からの台本なしの質問に答えることが恒例のイベントになっている。二〇一九年のフェアの初日、ジョー・バイデンが姿を現し、有名な「即製演台」（干し草の俵を花綱で結んだものだ）の上に乗ったとき、私は彼に簡単な質問をするつもりだった。

私が会場のデモインまで車でやってきたのは、バイデンがトウモロコシについてどう考えているか知りたかったからだ。具体的に言うと、アメリカ合衆国の自動車燃料の約一〇パーセントを再生可能エネルギー源（そのほとんどはトウモロコシである）にすることを義務づけている二〇〇五年の連邦指令を今でも支持しているかどうか訊きたかったのである。

バイデンが登場すると知っていたからこそ、家族旅行を延期してまでもデモインにやってきたのだ。大統領選の主要候補はみな姿を見せることになっていた。半世紀前にアイオワ州が大統領予備選を最初に行う州になって以来、この州の党員集会は候補者にとって今後を占うものになった。つまり、人口が少なく（三〇〇万人）、田舎にあり（陸地の約九〇パーセントが農地）、白人中心（白人が九〇パーセント以上）の州の有権者にとって重要なことが、どの大統領候補者にとっても重要なことになってしまっているのだ。そのため、アイオワ州の人々は、自分たちにこびへつらうような演説に慣れっこになっている。

八月上旬の猛暑の日、候補者たちがやってくるのを待っている間に、演説会の常連客が語ってくれた。「おだててもらうために来ているんだよ。候補者たちはみんなこっちの気持ちがよくなることを言ってくれるし、私たちはそれが大好きなんだ！」

数分後、青いポロシャツに飛行機操縦士用眼鏡という出で立ちのバイデンがステージに上がり、すぐに群衆にありきたりの文句を並べ始めた。「私たちは分裂より団結を選びます。私たちは虚構より科学を選びます」とバイデンは叫んだ。「私たちは事実より真実を選びます！」（その日の暑さの中では、この最後のセリフはたしかに説得力のあるものだった――完全に説得されたわけではないが）

しかし、真実はと言えば、ジョージ・W・ブッシュ大統領のもと、共和、民主両党が圧倒的に支持して成立した「エタノール指令」が役立たずのものであることが日に日に明らかになりつつあるということだ――経済の面でも、環境の面でも、そして倫理の面においてさえもである。正式には「再生可能燃料基準計画」として知られるこの政策のねらいは高潔なものだ――外国の燃料に依存しきっているアメリカ合衆国の体質を変えると同時に、温室効果ガスの排出量を減らそう、というものである。しかし、実際には、エタノールは炭素排出削減の点ではほとんど恩恵をもたらさない（もしかしたら、まったく恩恵をもたらさないかもしれない）ことがわかってきた。一ガロン（約三・八リットル）のエタノールをしぼり出すためには約九キログラムのトウモロコシが必要になるが、それだけのトウモロコシを植え、肥料を与えて育て、収穫するには、多量のエネルギーが必要となるからだ。そしてこの一ガロンのエタノールに含まれるエネルギーは、ガソリンよりも約三分の一少なく、車のエンジン内では腐食性の作用を示すことで知られている。

この指令が土地に与えた損害を考慮に入れると、エタノールが環境にもたらした代償はさらに大きなものになる。ある試算によれば、法律が通過して一〇年も経たないうちに、アメリカ合衆国でトウモロコシや、（再生可能燃料基準計画のもうひとつの燃料であるバイオディーゼルを生産するために使われる）大豆を栽培する農地は、一六〇〇万エーカー以上増加した――ヴァーモント州とニューハンプシャー州、コネティカット州を合わせたよりもさらに広い穀粒と豆の海が登場したというわけだ。

さらに、本来口に入れるべき食物をガソリンタンクに入れることには倫理的な問題もある――現在、アメリカ合衆国で栽培されるトウモロコシのなんと四〇パーセントが、エタノールの生産のために利用されているのである。

私は即製演台の目の前の第一列に陣取ったが、それでも、バイデンが二〇分の演説中に質問を受け付けている間、彼の目を引くことができなかった。だが、演説終了後、こっそりステージの後ろに行ったところ、数分後にバイデンが驚いてバスルームから出てきたため、質問をすることができた。

するとバイデンは私の肩に手を置き、連邦のエタノール指令を支持している、と言った。それから、だがカギを握るのは、トウモロコシの実だけでなく、他の植物から、あるいはトウモロコシの茎など食物ではないものに含まれる繊維性物質から燃料を生産できる「先進的な」バイオ燃料テクノロジーを追求することだ、と付け加えた。もちろん、それが実現すれば、環境面でも経済面でも大変な恩恵が得られるだろう。実際、バイオ燃料テクノロジー業界においては、経済的に採算の合う「セルロース系エタノール」は「聖杯」と考えられている――しかし、それは今日でも依然として茫漠としていて、とらえどころがないものにとどまっている。

「でも、今日のエタノールについてはどうお考えですか」と、私は未来の大統領にさらに問い質した。

「今日のエタノールか」と、バイデンは側近たちに挟まれてアイスクリーム売り場に向かいながら答えた。「それについても支持しているよ！」

これは、再生可能燃料が四万以上の職種を支えている州にとっては良いニュースだが、下流に住むほぼすべての人にとっては悪いニュースだった。

そもそも、今日の異常に大きなトウモロコシの茎は、日光と水だけで生長しているわけではない。政府のエタノール指令は実質上、肥料指令でもあった――この指令は、ミシシッピ川の入り江、さらにメキシコ湾にまでますますひどい環境的影響をおよぼしつつある。メキシコ湾では、人間によって引き起こされたデッドゾーンが毎年まるで潮汐《ちょうせき》のように押し寄せているのだ。

これは、アメリカ本土のほぼ半分の汚染物質をまとめてメキシコ湾に運び込んでしまうミシシッピ川（および、ミシシッピ川の支流としてルイジアナ州中南部を流れるアチャファラヤ川）がもたらす悲惨な結果だ。年間約一六〇万トンの窒素、一五万トンのリンがメキシコ湾に流れ込み、毎夏、植物プランクトンの大発生を引き起こすのである。エリー湖の場合と同じく、植物プランクトンが最終的に死滅すると、腐敗によって水から多くの酸素が吸収され、海底にはほとんど何も棲めなくなる。生物学者はこの現象を低酸素症と呼ぶが、年によってはメキシコ湾の低酸素症は二万平方キロメートル、つまりマサチューセッツ州並みの広範囲におよぶこともある。これは、国の収穫量の約四〇パーセントを生産しているメキシコ湾の海産食品業者にとっては、尋常ならざる災厄である。彼らは知るよしもないかもしれないが、問題の原因はアイオワ州にあるのだ。

　メキシコ湾のデッドゾーンの原因となる栄養素を流出させている土地は、西はロッキー山脈から東はペンシルヴァニアまで、アメリカ本土の四〇パーセントにおよんでいる。だが、その真ん中に位置するのがエタノールに依存しきったアイオワ州であり、ある測定では、ここから流れ出す栄養素は過去二〇年で五〇パーセント近くも増加し、メキシコ湾の過剰な栄養素の大きな原因となっている。そのため、科学者たちは、アイオワ州こそメキシコ湾のデッドゾーンを縮小するための主戦場になった、と述べている。[2]「メキシコ湾の低酸素症に最も大きな責任があるのはアイオワ州です」と、あるアイオワ州在住の研究者は言っている。「アイオワ州の問題を解決すれば、メキシコ湾の問題も解決するのです」

　メキシコ湾のデッドゾーンの原因となっている藻類の大発生を引き起こしているのはリンと窒素だが、アイオワ州を注目の的にした研究で計測された栄養素は窒素だった。メキシコ湾の藻類の大発生の主要因は窒素だと考えられていたからだ。塩水沿岸の藻類の大発生に関して、リービッヒの言う限定因子として一般に認識されているのは窒素なのである。

そのため、リンはメキシコ湾の藻類の災難の主要因とは考えられていなかった。

少なくとも、二〇一九年まではそうだった。

ニューオーリンズから曲がりくねった川を約五三キロメートル上流にたどっていくと、風変わりなダムに行き当たる。コンクリートと木材でできたこの防壁は、ミシシッピ川を横切る形ではなく川の東岸の土手に平行に立っていて、一九二七年のミシシッピ大洪水のあと、一九三〇年代にアメリカ陸軍工兵司令部によって建設されたものである。大洪水では幅約一三〇キロメートル、高さ約九メートルの荒れ狂う水の壁が襲い、約六〇万もの南部人が土地を離れることになった。この災厄は、二世紀にわたって川の両側の土手を人工的に高くしたにもかかわらず、人々がミシシッピ川を抑え込むことに失敗した結果だった。

水害対策としてニューオーリンズにはじめて堤防が築かれたのは、一八世紀初頭のことだった。一八〇〇年には、植民者たちが建てた大きさも設計もばらばらの堤防が一つにつながり、都市の中心部から上流に数百キロメートルにわたって延びていった。しかし、この土手では絶えず氾濫《はんらん》する川を抑えることはできなかった。一九世紀前半には政府が介入し、設計を改善してさらに大きな堤防を築いたが、それでも川は人工の土手を越え続けた。一八四四年にも堤防が決壊し、一八五〇年、一八五八年、一八六二年、一八六七年、一八七四年にも同じことが繰り返された。

政府の洪水対策は毎回同じだった。技師たちは、傾斜した壁をさらに高く、さらに大きくすることで、川が南に流れるように導こうとした。堤防がなければ、川は古代からある氾濫原に自然に拡散して流れるはずだった。氾濫原が定期的にあふれ出るミシシッピの水を吸収し、ゆっくりと放出する仕組みが自然に形成されていたのである。

堤防をより高く頑丈にしても、一八八〇年代、一八九〇年代、そして二〇世紀初頭を通して、川は人工の堤防を越え続けた。

そして一九二七年に大洪水が襲い、堤防が決壊して蓄積された川の怒りがこれまでにない規模で周辺地域へと解き放たれたとき、陸軍は降伏した――いや、少なくとも撤退した。堤防に注力していたそれまでの洪水制御策を修正し、ボンネ・キャレ放水路を建設したのである。この放水路の機能は、大陸規模に拡大された浴槽の排水管のようなものだ。ミシシッピ川の氾濫した水が、下流に住む五〇万のニューオーリンズ市民を溺れさせるのではなく、比較的人口の少ない湿地帯に流れ込むようにすることを目的として設計されたものだった。

幅二・四キロメートルのボンネ・キャレ放水路は、現在も一九三一年の建設当時の姿をとどめている。三五〇個のコンクリートの柱間の一つひとつに、二〇個の垂直な木でできた「針」のようなピンが隣り合ってはめ込まれており、高さ約三・四メートルのピンは、鉄道の枕木より少し厚いくらいである。放水路はミシシッピ川の通常の水際から東に四〇〇メートルほどのところに位置していて、洪水で水位が上がると、鮮やかなオレンジのベストを身につけた作業員がピンを一つひとつクレーンで持ち上げる。すると、膨れ上がった川は左に曲がり、左右を堤防に囲まれた放水路に誘導される。あふれ出た水は、東に約一〇キロメートルのところにあるポンチャートレイン湖に流れ込むという仕組みである。

ポンチャートレイン湖は、実際には湖ではなく、入り江である。ここで、ミシシッピの東にある小さな複数の支流がメキシコ湾の潮汐水と混ざり合い、その後、海に注ぎ込むことになる。ポンチャートレイン湖からメキシコ湾にかけての地域は水が大量にあふれても大丈夫なだけの余裕があるため、放水路からどれだけ水が流れてこようと受け入れる余地があり、この地域で氾濫が生じてもまったく問題ないのだ。

このやりかたでボンネ・キャレ放水路を全開にするには一週間以上かかるが、ピンをすべて持ち上げれば、毎秒、オリンピックの競泳プールを三つ分満杯にするだけの水を送ることができる。この放水路を使う必要が生じるのは一〇年に一回程度だというのが陸軍の考えだったので、ピンを持ち上げる仕組みは自動化されていない。そして、陸軍の計算はどんぴしゃだった——少なくともしばらくの間は。放水路ができてから五二年間、一九三一年から一九八三年の間に放水路が開いたのは七回で、同じ年に二度開いたことはなかった。

しかし、ここ数十年で気候が変化するのに合わせて、放水路の利用頻度も変化していった。二〇〇八年から二〇一九年の間に、洪水による水位上昇のため、陸軍は六回も放水路を開かねばならなかった。そして二〇一九年には、建設以来はじめて、一年で二度開くことになった。一回目は、二月末から四月上旬までの四四日にわたったが、このとき、アメリカ合衆国本土は歴史上最も雨の多い一二カ月を記録した。晩春になっても雨が降り続いたため、オレンジのベストを着た作業員は、五月上旬に再び放水路のピンを上げた。その状態は七月末まで続き、一回目と合わせて一年で一二二日間、放水路が開放されることになった。これはそれまでの最長日数であるとともに、放水路が利用された年の平均開放日数の三八日を大幅に上回る数字だった。

　この一〇年で放水路の利用回数が増えたのは、降水量の増加のためばかりではない。トウモロコシ畑をはじめとする土地開発のため、雨水を吸収する大平原、湿地、森林が北部で減少したことも一因となっている。

　この北部の土地開発と南部の洪水の相関関係は、多くのルイジアナ州民には理解されていない。しかし、ダリャル・サヴォワは理解している。ルイジアナの湿地帯に生まれ育った六二歳のサヴォワは、二〇一九年の七月下旬のある晴れた日、薬局で処方箋の薬が出されるのを待つ間、時間つぶしのためにボンネ・キャレ放水路に立ち寄り、陸軍工兵司令部の作業員が放水路のピンを元に戻す現場を見ていた。サヴォワは、放水路の目的や、オレンジのベストを着た人々が行っている作業の意義を認めるにやぶさかではなかった。「ニューオーリンズがまた洪水の被害を受けるなんて誰も望んでいませんからね」と彼は言った。しかし、だからといって、この放水路が北部からあふれてきた汚染水の問題を解決してくれるわけではない、と付け加えた。

　サヴォワは退職した元トラック運転手で、ミシシッピ川の入り江周辺三〇〇万平方キロメートルを二二年にわたって行き来してきた。だから、地図を見たり上空を飛んだりするだけでは把握することのできない感覚で、この地域の広大さを理解している。豪雨の中、北米のトウモロコシと大豆の海をのろのろとトラックで進んでいったこともあった。こういった嵐のときには、作物を植えてまもない畑は泥だらけのぬかるみとなり、撒かれたばかりの化学肥料や肥やしが流れ出していった。

「あっちのものが全部」と、サヴォワは放水路の端に立ち、カナダへと北に広がるミシシッピ流域に向けて肩越しに親指を振りながら言った。「最終的にこの川に流れ込んでくるんですよ」

サヴォワはアルマクラフトの約五メートルの釣り用ボートを所有しており、その年の夏、洪水で濁ったポンチャートレイン湖にボートを乗り出したことがあった。目に入るものと言えば、水面に浮かぶ魚の死体ばかりだった。放水路のせいで湖の自然の塩水が淡水化し、塩水でしか生きられない種の魚の命を奪ったのである。

栄養素を過剰に含んだ淡水は、その後、ポンチャートレイン湖からメキシコ湾へと流れ込んでいく。銀の鱗《うろこ》に茶色い裂傷を負ったバンドウイルカの死体が何百体も打ち上げられているのは、この水のせいではないかと考えられている。イルカの死体の数があまりに多いため、連邦政府の生物学者たちはこれをＵＭＥ（異常死亡事象）と宣言した。

異常な事象に数えられることはほかにもある。放水路を長期間大量の水が流れたため、メキシコ湾の水の性質が変わってしまったのだ。沿岸水域では、真夏に塩分濃度が五ｐｐｍにまで低下した場所もある。これは、海水の塩分濃度の平均である三〇ｐｐｍから三五ｐｐｍよりはるかに低い数字だ。

これらの塩分濃度は、ポンチャートレイン湖がメキシコ湾に流れ込む入り江で調査されたものではない。一つはアラバマの調査船が集めたもので、入り江から東に約一六〇キロメートル、沖に一六キロメートル進んだ水域のサンプルである。調査を担当した科学者は、その結果について「ありえない」と言った。

この淡水化現象は、海水魚、牡蠣、イルカ、ウミガメだけの問題ではない。人間にとっても脅威になっているのだ。メキシコ湾の研究に生涯を捧げてきた科学者たちがまったく予想もしなかった現象が起こっている――塩水のメキシコ湾で、有毒な淡水藻類が大発生しているのである。

メキシコ湾は、二〇〇五年にハリケーン「カトリーナ」、その五年後には原油流出事故の被害を受けたものの、二〇一七年の夏には往時の姿を取り戻していた。ミシシッピ沿岸の水域は、突如として奇跡のように海洋生物であふれかえった。人間の脛《すね》あたりまでの水域で魚の群れが泳ぎ回り、カニの大群が波止場の杭を這い上った。お風呂のように生ぬるい波にエビが群がり、アカエイが沿岸を埋め尽くした。ミシシッピ海洋資源局は、メキシコ湾の自然の恵みを大量に取ることを認めないことでいつも漁業関係者の批判を受けている規制当局だが、このときは、海が提供してくれるものなら何でも取り放題、漁獲量制限なしで、一般市民が網やバケツ、素手でもつかまえてよいという許可を与えた。

ミシシッピの生物学者たちは、自然がくれた岸辺のごちそうをジュビリー（Jubilee）と呼んだ。大半の人々にとって、この言葉は、何らかの出来事の二五周年、五〇周年を意味する。しかし、ミシシッピ州のメキシコ湾岸やアラバマ州のモビール湾岸では、昔から、メキシコ湾が沿岸地域に祝宴を張れるほどたっぷり海洋生物を与えてくれたとき、ジュビリーと呼んで祝っていたのである。

この喜びの瞬間は、いつでもどこでも起こるものではない――何年もの間起こらないこともあるし、たいていミシシッピ川の入り江沿岸の狭い区域に限られている。ニューオーリンズの東部からアラバマ州のモビール湾まで約一四五キロメートルにわたる、堡礁島《はしょう》で守られた海岸線地帯である。

海産物のジュビリーを作り出している現象の物理的要因は、メキシコ湾をはるかに広範囲にわたって脅かしているデッドゾーンの原因に似ていなくもない。違っているのは、ジュビリーが現在蔓延している栄養素による藻類の大発生のせいでも、人間が生み出した他の汚染物質のせいでもないということだ。ジュビリーは一世紀以上前から記録に残されている。一九六〇年には、一人の地元の漁師が、自分は六〇年にわたってこの現象を見てきたし、父も生涯にわたって経験してきた、と報告している。[3] チャック・ベリーが一九五七年に発表したロックの名曲「ロックンロール・ミュージック」にも歌われているほどだ。

これらの自然の恵みは、風や水温、海流、潮汐がタイミングよく組み合わさったときにまれに生じる現象である。これらすべてがあいまって、海底近くから酸素の少ない海水が吸い上げられ、沿岸の酸素の豊かな水面に送られるのである。海底から水面へと水が勢いよく送り出されることで、まるで牛が暴走するように海洋生物が沿岸へと押し上げられるのだ。

ミシシッピ海洋資源局によれば、魚やエビ、カニがはねたり動き回ったりしている間につかまえられれば、まったく安全に食用にできるということである。[4] 二〇一七年にジュビリーが起こった日の報道発表で、海洋資源局の魚類事務局長は、「現在のところ、サンプルでは水に毒素が含まれていると示されてはいないので、海産物は安全である可能性が高い」と述べた。

しかし、事務局長はひとつはっきり注意事項も述べている。「ただし、海産物は適切に扱い、保存し、料理する必要があります。さらに、もしつかまえたときにすでに死んでいて、しかも死亡してかなり時間が経っているように見えるのであれば、食べないのが賢明です」

それからちょうど二年後の二〇一九年、再びジュビリーがやってきたといううわさが広まった。ミシシッピ沿岸を訪ねた観光客たちが、沿岸近くの水面からピクピクする魚の口先が大量に出ている動画を撮って投稿し始めたのである。今回は州規制当局も水生生物の捕獲を許可しようとしなかった。魚たちは自然現象から逃れようとして水面に上がってきたわけではなく、またたくまに不凍剤のようにあざやかな緑に変じた水から逃げてきたのである。緑の水は毒性を持っている可能性があった。

ミシシッピ環境品質局（ＤＥＱ）の沿岸監視の責任者であるエミリー・コットンは、ミシシッピの観光シーズンがこれからピークを迎えようという七月末に緑の水が現れたとき、耳を傾けようとする人には誰に対してもこう言った。「これはジュビリーではありません。有毒藻類の大発生です。魚を食べないでください。お願いです[5]」

その二年前、コットンは、ミクロキスティスと呼ばれる藍藻の大発生の特定法・対処法を講じる二日間のセミナーに参加していたが、そのときは、こんなセミナーがいったい何の役に立つのだろうかと思っていた。ミクロキスティスというのは、エリー湖をはじめ、ニューハンプシャーから太平洋岸北西部に点在する多くの北米の淡水湖を襲っているものと同種の有毒な淡水性の藍藻である。

そもそもコットンの仕事はミシシッピの塩水の沿岸を監視することだったから、下水処理場から流れてくる排泄物の汚染物資や、赤潮の原因となる危険な海藻を注視していればよいはずだった。セミナーの講師が、水面で、そして顕微鏡でミクロキスティスの大発生を確認するにはどうすればよいか、手順を追って説明する間、コットンは心ひそかに「私には使い道がないけどね」と思っていた。

すると二〇一九年に、北部から流れてきた淡水の洪水によって、前代未聞のミクロキスティスの大発生が起こったのである。生態学者たちは、ミクロキスティスは沿岸の海水では長く生きることはできないし、まして人間の健康に害をおよぼすほど繁茂することなどありえないと考えていた。

コットンはセミナーを受けており、ミシシッピの洪水がニューオーリンズ東部のメキシコ湾沿岸をほとんど淡水に変えてしまったという報道も知っていたので、海岸一帯がはっきりどろどろの緑に変じたとき、何が起こっているか真実を予感していた。メキシコ湾から採取した水のサンプルが入ったプラスチックの瓶をひとまとめにして州の研究所に送ると、その検査結果は、毒素を生み出すミクロキスティスが危険なほど大発生していることを示唆していた。

六月二二日、コットンの勤める部署は州のメキシコ湾沿岸のビーチの四カ所にはじめて「遊泳禁止」の標識を立てた。コットンはサンプル採取を続け、ミクロキスティスの大発生を次々と発見した。六月二四日にはさらに五つのビーチを閉鎖した。サンプル採取とビーチ閉鎖はその後も続いた。そのうち、赤と白の「遊泳禁止」の標識が足りなくなり、新たに印刷してもらうことになった。

七月四日の独立記念日を祝った週の終わりには、二一存在するミシシッピ州のメキシコ湾岸のビーチはすべて遊泳禁止として閉鎖された。このころ、最高気温は三八度近くまで上昇していたが、メディアの報道はもっと熱かった。七月九日のCNNのニュース記事には、「夏はビーチに乗り出すのに最高の時期だ――ミシシッピに住んでいるのでないかぎり」とあった。『ニューヨーク・タイムズ』、CBS、NBC、NPRも一斉にその惨状を報じたが、そこではすべて「ミシシッピ」

と「有毒藻類」という言葉が強調され、観光業には致命的となった。

二〇一九年七月末、私はミシシッピ沿岸の州間高速道路九〇号線を東に向かって走っていたが、ビーチ閉鎖の影響は目に見えて明らかだった。何キロメートルも人気《ひとけ》のないビーチしか見えず、曇り空の広がるこの日の気温が、蒸し暑い三二度ではなく、四度しかないかのようだった。ミシシッピ州のガルフポートから西に約八キロメートルまで達してようやく、水から六メートルほどのところでくつろぐ一人の人影を認めることができた。

ジル・ウォズニアックは、ケンタッキー州のレキシントンの自宅から、まる一日かけて車でミシシッピにやってきたところだった。ほとんど毎年、夏には夫とミシシッピに旅行することにしていたのだ。ミシシッピの水に異変が起こっているとニュースで聞いてはいたが、海に向かう途中で家族を訪ねたときにはじめて、ミシシッピのすべてのビーチが有毒藻類のために閉鎖されていることを知ったのだった。

ガルフポートに着いたとき、ウォズニアックの夫は、照りつける太陽の下で乾いた砂に足をつっこんで午後を過ごしたいとは思わず、ホテルのプールを選んだ。しかしジル・ウォズニアックはひるまなかった。イースト・ビーチ・ブルーバード沿いに車を停めると、「遊泳禁止」の標識を無視して通り過ぎ、午後をせいいっぱい楽しもうと思ったのだ。日焼け止めを塗り、ビーチで読む用の本を取り出し、ピノ・グリージョの一人飲み用のワインの蓋を取った。

私が歩いて近づいていったとき、ウォズニアックはすでにビーチで一時間過ごしていた。「泳ぎに行けないってわかってたら、旅をキャンセルしたんだけど」と彼女は言った。それから、実は波に入っていったのだと告白した。「そんなことしちゃいけないんだけど」と、自分は診療看護師《ナース・プラクティショナー》なのだと説明しながら彼女は言った。「でも、ここまではるばるやってきて、海に入らないなんていやだったから」

その時点では、遊泳して病気になったという報告はなかったし（もちろん、誰も泳いでいなかったが）、毎年エリー湖で発生するミクロキスティスに比べれば、沿岸に点在する藻類のかたまりも小さかった。それでも、ミシシッピのDEQの責任者は、遊泳禁止の標識を掲げ続けるよう命じた。サンプル検査は常に、藍藻が危険なほど急速に大きくなっていることを示していたからだ。ミクロキスティンという色もにおいもない毒素が生じ、藻類の緑のヘドロから広がっていく可能性もあったのだ。

州当局者は一般市民に次のように呼びかけた。「毒素はウオッカのように透明なこともあるので、目の前のビーチに藻類が見られないからといって、水に触れて安全とはかぎりません」

ウォズニアックは、ここで泳いだあと、今後の計画について慎重に考えなければと思っていた。彼女の説明によれば、夫がこのビーチ近くの土地を相続しており、ここに別荘を建てようと二人で話し合っていたのだという。「今はその計画を考え直しているところです」と彼女は言った。「こんなことが起こっているときに、ここに何か建てるのがよい考えなのかどうかって」

ウォズニアックは、メキシコ湾に新たに生じた藻類問題を後にして、数日後には約一一〇〇キロメートル離れたケンタッキーに戻る予定だったが、もちろん、みんながみんなそんな贅沢を許されているわけではない。

ジェイムズ・バーニー・フォスターは、一九八〇年代からミシシッピ沿岸で水上バイク、日傘、ラウンジチェアの賃貸を行っている。私はフォスターの従業員の一人に取材するため、ビロクシ・イースト・セントラル・ビーチのフォスターのレンタルブースに向かっているとき、このビーチが歴史的な名所だと知ることになった。一九六〇年四月に、三一歳の医師、ギルバート・メイソンが水に飛び込んだため、治安紊乱《びんらん》行為で逮捕されて罪に問われ、世界中で大きく報道された現場だったのである。犯罪になったのは、彼が黒人だったからだ。ビーチは当時、白人にしか開放されていなかった。少なくとも、警察の解釈はそうだった。メイソンは翌週、現場に戻ってきて、一二五人のボランティアとともに水の中を歩み、当局があらゆる人にビーチを開放するよう求める平和的な行進を行った。

フォスターのレンタルスタンドの近くに設置された銘板には、「非暴力の消極的抵抗を行うよう訓練された彼らは、逮捕される覚悟だった。ところが、パイプやチェーン、角材で武装した白人集団が攻撃を加え、その間、市警察は介入せずに傍観するだけだった」と書かれている。アメリカ中で非難の声がわきあがり、連邦政府はミシシッピ州の事態改善に乗り出さざるをえなかった。最終的にはアメリカ合衆国司法省が介入して市を提訴したが、勝訴までに一〇年近くを要した。

二〇一九年七月三日に、警察は同じビーチに戻ってきた――そして今回の藻類の大発生では、遊泳禁止の命令で人種差別を行うことはなかった。

「警官たちが四輪バイクに乗ってやってきて『水から出て！』とがなりたてるんですよ」と、のちに行った電話インタビューでフォスターは言った。「とんでもないことです。まるで映画『ジョーズ』の一場面ですよ」

遊泳禁止令が出たのは、フォスターにとって最悪のタイミングだった。独立記念日の長い週末が始まろうとしていたからというだけではなかった。二〇一八年の夏に商売が大変うまくいったので、超高額の銀行ローンを組み、最新のヤマハ製の水上バイク「ウェーブランナー」を二八台も買っていたのだ。約二五万ドルかかったという。フォスターのレンタル事業は二〇一九年春も大盛況で、水上バイクは出費分を取り戻してくれるはずだった。そこへ藻類騒動が生じ、警官がやってきた。彼は「私にとっては、ハリケーン・カトリーナよりひどい事態になっています。メキシコ湾原油流出事故よりもひどい。その二つの災厄は乗り越えられましたが、今度ばかりはわかりません」と言った。

インターネットで見た藻類の大発生の写真から考えれば、ミシシッピ沿岸の一部のビーチが閉鎖されるのはやむをえないだろう、とフォスターは認めた。あまりにあざやかな緑色になっているから、標識や武装警官の存在なくしても、人々は水に入ろうとはしないだろう。「私だったらあんなところに飛び込みませんよ。どんなばかだって飛び込まないでしょう。でも、このあたりはあんな状態にはなっていません」と彼は声を大きくして言った。「私はこのへんの水のせいで具合が悪くなったこともないし、五八歳で糖尿病でもありますが、毎日水の中に出入りしてますよ」

フォスターは、巨大な車輪を持つペダル付き水上バイクをひとまとめにしてチェーンロックで固定しなければならなかった。ウェーブランナーのレンタルはビーチから北に一・六キロメートル進んだ内湾に移したが、観光名所から遠く離れているため、独立記念日の休暇を通じて約二〇人の客しか来なかった。平年であれば五〇倍の利益を上げられただろう、と彼は語った。ビーチチェアはまだレンタルしていたが、私がレンタル小屋に立ち寄ったときには、そこに座っている者は一人もいなかった。観光業に依存しているミシシッピ沿岸の事業は、どこも似たり寄ったりの状況だ。

体育館のような大きさのシャークヘッズという名のギフトショップのカウンターの後ろに立つミッキー・ブラッドレー・ジュニアは、このビロクシの店にビーチの閉鎖がどんな影響を与えたか隠そうともしなかった。商品は、Tシャツ、水着、貝殻、キーホルダー、ファッジ、その他人々が休暇で買いたがるあらゆる種類のものだ。「おれたちはもう終わりだよ」とブラッドレーは言った。「わかるだろ。あそこには誰もいない。みんなこわがってるんだ」

それ以後夏の間中ずっと、観光当局者は、ビーチは厳密に言えば閉鎖されたわけではなく、遊泳禁止令は実際には──法律的には──忠告的なものにすぎず、ビーチの砂浜のほうでは日焼けのために日光浴をしても、ビーチバレーをしても、焚き火をしてもいいのだ、と言い続けた。しかし、耳を傾ける人などほとんどおらず、もう取り返しはつかなかった。

当時ミシシッピ州のDEQの責任者だったゲイリー・リカードは、二時間にわたる公聴会で、その夏に近々遊泳禁止の標識が取り払われる可能性は低い、と認めた。私はその公聴会をずっと傍聴していたが、公聴会終了後、いっしょに傍聴していたミシシッピ州のメキシコ湾沿岸の郡を代表する観光・マーケティング組織の広報責任者は、「乗り越えていくつもりですが、今は人々が怒り心頭に発しているんです」と言った。

フォスターは怒りを通り越した状態だった。店じまいをしていたのだ。今すぐにでも現金が必要だった。翌週には銀行ローンの支払いがあり、ミシシッピ南部が突然襲われた不安定な状況を鑑みれば、金融機関が優遇措置をとってくれるとは考えられなかった。ウェーブランナーをすべてジョージア州で売るしかなさそうだった。

「ミシシッピ州のDEQがどのような命令を出すかわからないので、銀行はお金を貸したくないんです」とフォスターは言った。

州の観光局の責任者に任じられる前は環境弁護士をしていたDEQのリカードは、来年以降も同じような遊泳禁止措置をとらないですむという保証はない、と公聴会で認めた。彼の説明によれば、陸軍工兵司令部にボンネ・キャレ放水路の運用方法を指示することはできないし、放水路がミシシッピ沿岸に流し出す汚染物質は自分の権限をはるかに超える他の州の農場から来ているため、どうしようもない、ということだった。

半世紀以上前、ミシシッピ州の白人からの激しい抵抗をはねかえして、ビロクシのビーチを人種にかかわらずあらゆる人にとって安全なものにするためには、連邦政府の介入が必要だった。ビーチを安全にするためには、またしても政府の介入を必要とするようだ――今回は、北部から流れてくるリン汚染による有毒藻類の大発生から人々を守らねばならないのだ。

しかし、フォスターにとってはもう手遅れだ。彼は、北部の農場主たちがミシシッピの沿岸をめちゃくちゃにした代償をなぜ自分が払わねばならないのか、理解に苦しんでいる。

「規制しなきゃいけないのはそっちのほうでしょうに――上流で肥料をばらまいている人たちのことですよ」とフォスターは言った。「私たちじゃない。ここまで害がおよぶ前に規制しろっていうんですよ」

翌年の春、陸軍工兵司令部は再びボンネ・キャレ放水路を開放しなければならなかった。

どうやら、大統領候補がエタノールに忠誠を誓う必要がなくなるか、農業の規制方法に劇的な変化が生じるかしないかぎり、ミシシッピ州にとって事態は悪化の一途をたどりそうである。

そしてすでに事態は悪化し、メキシコ湾岸のフロリダ東部にまで広がっている。フロリダ半島の両岸でリン汚染によって有毒藻類が大発生し、その被害は野生生物や週末の休みにとどまらない状況になっている——人々が病院に運ばれる事態になっているのだ。

# 8章　病んだ心臓

フロリダ半島南部のほぼ真ん中に、オキーチョビー湖として知られる面積一八九〇平方キロメートルの内陸湖がある。アメリカ合衆国本土の陸地内にある自然にできた淡水湖としては、ミシガン湖に次いで二番目の大きさを誇る。O《オー》湖という通称にふさわしく、ほぼまん丸な形をしており、その直径は約五〇キロメートル以上である。湖畔に立っても向こう岸は見えない。海のように広大に感じられるが、現実には、今日、この湖は巨大なペトリ皿のような状態になってしまっている。オキーチョビー湖は、裏庭の水泳プールのように浅く、水温も高い。こういった特徴はリンを原因とする藍藻の温床となるのに絶好の条件である。ここで生じた藍藻はその場で消散しないため、オキーチョビー湖の有毒な水が人工の水路を通ってフロリダ両岸の海岸地域へと流れていくのである。

二〇一八年、藻類が大発生している最中、ジム・ペニックスは「オキーチョビー湖は巨大な汚水だめのようなもので、しかも東西に流出していきます。そして、私たちが住む入り江に致命的な損害を与えているのです」と語ってくれた。ジムは、オキーチョビー湖から下流に下った大西洋岸のセントルーシーという都市に住んでいる。

オキーチョビー湖の災厄の根本原因は北部の広大な農地である。そこからいくつかの支流が湖に流れ込んでいるのだ。支流周辺の工場規模の酪農場、芝土、野菜農地、サトウキビ畑、柑橘園がすべて、オキーチョビー湖に注ぐ溝や小川、河川にリンを滲出《じんしゅつ》させているのである。激増する住宅団地、商業地区、ゴルフコースもまた、リン廃棄物を湖に流し込んでいる。周囲に巨大な土の山ができる前、オキーチョビー湖は、正式な湖というより沼地といったほうがよい場所だった。

自然の状態にあるとき、オキーチョビー湖は、大きさ、深さ、形を絶えず変えていた。毎年、熱帯低気圧やハリケーンがフロリダ半島を襲う夏の終わりには膨らみ、乾季には縮小して元に戻っていた。湖面が上昇すると、南の岸辺から水が流れ出して、幅八〇キロメートル、長さ二一〇キロメートルの水のシートとなってフロリダ半島を下り、探検家たちが「エヴァーグレーズ」と名づけた南端で海岸水域に流れ込んだ。オキーチョビー湖のこの季節ごとの脈動こそフロリダの有名な「草の川」の水源であり、それはきわめて規則的でリズムを持っているかのようだった。このため、オキーチョビー湖はフロリダの心臓と呼ばれた。

今日、フロリダの心臓は重症に陥っている。治療法はリンの流入量を削減することだ。そうすれば、湖の生態系を守り、オキーチョビー湖の有毒な水を海へ運んでいる水路にまたがる沿岸都市に住む約一〇万人の健康を守ることができるのだ。フロリダ州はこれを実行する計画を立てているが、基本的に計画段階にすぎない――つまり、机上の空論にとどまっているということである。

二〇一八年夏の藻類の大発生の最中に、フォートマイヤーズで環境保護団体の地方支部の責任者を務めるジョン・カッサーニは「州には行動を起こそうという気がありません。ただの冗談ごとのようです」と語ってくれた。フォートマイヤーズはメキシコ湾岸に位置する人口約七万人の都市で、オキーチョビー湖から西に流れる有毒排水を受け止める位置にある。

ミシシッピ沿岸とエリー湖の西端でも事態は深刻かもしれないが、オキーチョビー湖の惨状は比べるものがないほどひどいものである。

オキーチョビー湖の物語は、湖の自然の溢出《いっしゅつ》を抑えようとする技師たちによって加えられたひどい損害、湖の湿地帯をリンの滲出する耕作地に変換しようとする農業の利害、水を汚染するリン汚染者の慣習を強制的に変えさせる意志を奮い起こそうとしない政治家たちの物語だ。

豪雨が増え、地球温暖化が進む二一世紀にあっては、この物語はフロリダ以外の地域にとっても他人事《ひとごと》ではない。しかし、その第一章は、さかのぼって二〇世紀初頭に墓石に刻まれている。


フロリダ中部の農業地帯の平野のわずかに盛り上がった場所に、シリアルの箱ほどの大きさの墓標がいくつか、ひとまとまりになって建てられている。国道七八号わきの古びたこの墓標は摩滅しかけており、まるで幽霊屋敷のように左に右に傾いている。それでもまだ、下に埋葬された人々のイニシャルを読むことはできる――E・M・B、H・E・B、W・J・B、M・A・Bだ。

墓標がすべて同じ形で、イニシャルの最後がBで共通しているために、フォートマイヤーズから東に約六五キロメートル行ったところにあるこのわびしい区画は、七月の好天の午後でも陰鬱な印象を与える。下に眠る人々は同じ家族で、息を引き取ったのも同じ日だった――オキーチョビー湖が土砂の山を突き破った一九二六年九月一八日のことである。乾いた土地がある側でなんとか生計を立てようとしていた農場主たちは、この粗悪な土砂の山を堤防と呼んでいたが、とても堤防と呼べるレベルのものではなかった。

水が人工の湖岸線を越える原因となったハリケーン（当時はハリケーンに名前をつける習慣はなかった）は、農業都市として勃興しつつあったムーア・ヘブンに高さ四・五メートルの濁流を解き放ち、何百の人々を呑み込んだ。その中には、E・M・B――エリノア・マリー・ブレア――と、幼い子供たちも含まれていた。四人全員がハリケーンから避難するため食料雑貨店に逃れたが、その店が渦巻く流れに呑み込まれて崩壊してしまったのである。[2]

フロリダ南端に向けてあふれた水の壁が荒れ狂う中で、一面の泥や裂けた木材を背景としてひどい惨状が明らかになっていった。ある母親は、自動車のタイヤのゴムチューブ二つからいかだを作り、娘たちと幼い息子とともに大波に乗り出した。屋根の上に飛び乗ろうとしたとき、娘たちは泡立つ波にさらわれた。その後、母親が男の子を救助隊の人々の手に渡そうとしたとき、その子もまた波にさらわれてしまった。洪水が襲ってこないと思われる高さで幼児を電柱に縛りつけ、これで助かるだろうと自らはその場をあとにした母もいたが、洪水はその高さまで襲ってきた。

ムーア・ヘブンはハリケーンが過ぎて一週間経ってもまだ一・二メートルもの濁流の下に埋もれたままだったため、市内で死体を埋葬することはできなかった。そもそも、フロリダ南部ではこのように水がいつまでも引かずにとどまっているからこそ、植民者は一九一〇年代に低湿地の泥土で堤防を造ったのである。しかし問題は、オキーチョビー湖の完全に自然で予測可能な「洪水」が農場主たちにとって脅威になっていることだった。彼らは、湖の南の湿ってはいるがきわめて肥沃な黒土から、サトウキビ、トマト、豆、ジャガイモ、コショウ、ナスを栽培しようとしていた。一九一〇年代、フロリダ州は、新たに開墾した田畑が水浸しにならないよう、湖の水を逃がすための水路網に約一五〇〇万ドルつぎ込んだ。[3] 水路がうまくいかなかったときのために、フロリダ州の人々はオキーチョビー湖を胸までの高さの堤防の後ろに押し込めておくプロジェクトも同時に進めた。

しかし、堤防はフロリダの水の心臓の脈動を鎮めることはできなかった。一〇年以上もせき止められたオキーチョビー湖の淡水の脈動は数秒のうちに解き放たれ、ムーア・ヘブンは一瞬にして「埋葬されざる死者たちの都」に変貌してしまった。この名は、一九二六年の悲劇の数日後にメディアによってつけられたものである。

洪水からまもなく、何千年にもわたってフロリダを形成してきた巨大な力をみすぼらしい土の山によって抑え込むことができると考えた愚かさに対して、激しい非難が寄せられた。特に、地元の新聞の編集長は、もっと高くて頑丈な堤防を築いて、「数時間のうちにムーア・ヘブンを平穏な農業地帯から水浸しの墓場に変えてしまった悲劇が二度と起こらないようにする」べきだ、と主張した。[4]

急ごしらえで堤防が造られたが、高さはもとのままだった。そして一九二六年の洪水からほぼちょうど二年後にまたハリケーンが襲い、オキーチョビー湖の水が再び南端の人工の小山の最も低い箇所を越えた。今回は、ムーア・ヘブンの南東五〇キロメートルあたりだった。

ベル・グレードの町およびその周辺では約二〇〇〇人が溺死したと記録されているが、実際の犠牲者ははるかに多かっただろう。犠牲者の多くは水面に浮かび上がることなく、あふれた水が海に達する間に泥の中に埋もれてしまったものとされた。溺れかけた人々の中には、きっとワニに食われた者もいただろう。その他の多くの遺体はベル・グレードの通りや田畑に置き去りにされたまま硬直し、初秋を迎えるころにはかちかちの遺体が腐敗し始めた。あまりにひどい光景が展開されたため、『マイアミ・ニュース』は、「新聞記事にするにはあまりにおぞましい」と記している。[5]

最終的に、白人の犠牲者の多くはきちんと埋葬されることになったが、黒人の農場労働者の遺体の多くは山と積まれ、燃料をかけられたうえで火がつけられた。黒焦げの遺体は共同墓地に積み重ねられたが、その墓地の一つはオキーチョビー湖の東に位置し、現在では、モーテルの部屋ほどの大きさの区画に約一六〇〇人の遺体が埋められていると言われている。

二度目の洪水の惨状は、次期大統領ハーバート・フーヴァーの注意を引くことになった。フーヴァーはすぐに二〇台の車で大行列をなして被災地にやってきた。スタンフォード卒で、エンジニアから政治家に転じたフーヴァーは、必ず政府が援助すると生存者たちに約束する際、涙を流していたという。[6]それから一〇年のうちに、アメリカ陸軍工兵司令部がオキーチョビー湖の洪水制御システムを大幅に改善した。オキーチョビー湖からあふれた水がフロリダの両岸に流れるよう水路を拡大し、堤防もより高く、頑丈なものにした。溝を掘ってその土を積み上げたことにより、大西洋岸の都市スチュアートからフロリダ半島を横切って——オキーチョビー湖もそこに含まれるのだが——メキシコ湾岸のフォートマイヤーズまで航行可能な水路が通じる、という副次的効果もあった。

予想通り、この新たな防衛策は、一九四七年にハリケーンが襲ったとき、不十分であることが判明した。堤防はかろうじて持ちこたえたものの、水路システムは脆弱だったため、あふれた水を海へ逃がすことはできなかった。その結果、浸水面積の点では、それまでにフロリダ南部を襲った洪水で最大の被害を記録することになった。

これまた予想通り、壊滅的な氾濫は、より大きな堤防、これを最後にオキーチョビー湖の荒ぶる心臓を沈黙させるような堤防を新たに造るべきだという声を巻き起こした。

またしても予想通り、土を掘り起こす機器が湿地帯のエヴァーグレーズの上を再び行き来することになった。

一九五〇年代のドキュメンタリーで、アメリカ陸軍工兵司令部は、湖を「修理」し、四万平方キロメートルにおよぶフロリダの湿地帯の水はけをよくしようとするキャンペーンについて、「この怪物は、もっと大きな堤防、そしてあふれた水をもっと大量に海に流してくれるような、もっと大きな水路によって制御されなければならなかったのです」と公言している。このプロジェクトには、湖の東西から延びる水路を拡大し、周囲二三〇キロメートルにおよぶ湖を取り囲む三階建ての建物の高さの堤防を築くことも含まれていた。

ついに陸軍が勝利を収め、人類は母なる自然を制御することに成功した。

陸軍が『運命の水』と題した映画のナレーターはがなりたてる。「水はかつて荒れ狂った。豊かな大地を荒廃させ、生命や土地を奪い去り、新聞記事になるような災害を引き起こし、土壌に死をもたらした……今ではその水はただ、ただ、たたずんでいるだけだ――静かに、穏やかに、人間の思うがままの状態で。フロリダ中部と南部はもはや自然が猛威を振るう場所でも、雨や風にもてあそばれる存在でもないのだ」[7]

エヴァーグレーズの北部をサトウキビの海に変え、オキーチョビー湖の深刻な洪水問題に対処し、フロリダ半島に大きな航行可能水路を造り出したことは、二〇世紀半ばのエンジニアの製図盤上では三連勝でも飾ったように思われたかもしれない。しかし、今日のフロリダ中部の土地において、それはとどめようのない災難となりつつある。

二〇世紀後半、かつて自然が猛威を振るったフロリダ州の内陸部に不動産開発と畜産業経営が拡大して入り込んできた。オキーチョビー湖は莫大な量のリンを受け止め始めた――一九七〇年代から二〇〇〇年代初頭にかけて、湖の栄養素濃度はほぼ二倍になった。[8]

現在では、いくつかの支流からオキーチョビー湖に流れ込む年間のリンの総量は、一〇〇〇トンにおよぶこともある[9]――生物学者たちの推計によれば、これは、オキーチョビー湖が安全に吸収できる量の約一〇倍にもなる。[10]そして、リンがその安全とされる値を超えれば、有毒藻類が危険なほど大発生するのだ。アメリカ中の他の流域同様、オキーチョビー湖に流れ込むリンの大半は、内陸部の酪農場や農場主に由来するものである。

しかし、肉牛の放牧場はまた別の話であり、意外に思われるかもしれないが、フロリダ州はカウボーイが活躍する地域なのだ。アメリカ合衆国で最も大きい放牧場のいくつかはフロリダ州に存在している。オーランド近郊のある放牧場などは三〇万エーカーにわたって広がっている――マンハッタンの二〇倍の大きさである。多くの人は、フロリダ州の広大な牧草地が農業汚染の脅威になっていると思うだろうが、実際はそうではない。

牧場主のウェス・ウィリアムソンの例を見てみようか。ウィリアムソンは、生涯のほぼすべての期間、オキーチョビー湖の北にある一万エーカーの牧場で暮らしてきた。六〇代になるウィリアムソンは、調子のいい日にはフォードFシリーズのピックアップトラックで牧草地をのんびり回る。この古いトラックには、二〇一二年の大統領選挙のときのロムニー、ライアンの正副大統領候補のバンパーステッカーが貼ってある。もっと調子のいい日には、ポラリスの四輪バギーに乗って、さらに奥深く、茂みの中に入っていく。調子が最高の日には、ブルーと名づけたクォーターホースに乗り、牛たちを追い立てる。私がウィリアムソンに会ったのは、その調子が最高の日だった。

ウィリアムソンは午前六時からずっとブルーに乗っていて、州外の飼養場に輸送するため、二〇〇頭の牛たちを囲い込んでいた。彼の説明によれば、牧草地の牧草の生育促進のためにリン肥料を使っているという。オレンジの皮などからできたえさや、エタノール工場から得た乾燥穀物、綿実も家畜に与え、栄養を摂らせている。これらはすべて、リンを含むものだ。しかし、リンをこの流域から輸出してもいる――その日輸送した何千ポンド分もの家畜がまさにそうだ。

ウィリアムソンはまた、オキーチョビー湖に流れる小川に肥やしや他の栄養素を流し込まずにすむよう、できるかぎりのことをやっているという。約二五〇〇エーカーの牧草地を、牧草のない、リンを吸収してくれる湿地帯に変えたりもした。ウィリアムソンの考えでは、オキーチョビー湖を救うための最善の方策は、自分の土地を牧草地のままに保ち、開発者を近づけないことだという。「私たちは牧場で牛を飼っているだけではありません」と彼は言った。「牧草を育ててもいるのです」

彼の牧場から車で二時間の範囲には一三〇〇万の人々が住んでおり、住宅団地は容赦なく内陸に入り込んできている。

一九六〇年にはフロリダ州の人口は五〇〇万に満たなかったが、現在は約二二〇〇万に達している。フロリダ州には毎日一〇〇〇人近くが流入しており、州では今後一〇年で五〇〇万人の増加を見込んでいる。移住者の多くは内陸部のオキーチョビー湖周辺に住むことが予想され、そうすると、彼らの廃棄物によって湖のリンの大発生はさらに悪化する可能性が高い。

「牧場主が住宅開発業者に土地を売れば」とウィリアムソンは語る。「業者は最後の作物を植えることになります。つまり、住宅です」

同じくらい嘆かわしい問題は、陸軍工兵司令部がオキーチョビー湖を制御するために築いた堤防がまさに単なる小山と化してしまっていることだ。

現在オキーチョビー湖を制御している、粉々にした貝殻や土砂、岩から成る、草で覆われた急勾配の山は、ハーバート・フーヴァー堤防として知られている。一九三六年にネヴァダ州とアリゾナ州の州境でフーヴァー・ダムが竣工してから数十年後に完成したものだ。フロリダ州のフーヴァー堤防はネヴァダ・アリゾナ両州のフーヴァー・ダムの廉価版のようなものである。フーヴァー・ダムに見られるようなアールデコ風の優美な趣もなければ、フロリダ州の天候が浴びせるものに耐えるだけの工学的措置もほどこされていなかった。

実際、フーヴァー堤防は、きちんと設計されたというより、ただ単に高く積み上げられただけのものだった。さらに不安をかきたてるのは、堤防が数十年にわたってもともとの意図とは異なる用途で使われていることだ——降水量が少ない年には即席のダムの役割をはたし、オキーチョビー湖の水をせきとめて南に広がるサトウキビ畑に灌漑用水を供給しているのである。しかし、ダムと堤防には決定的な違いがある。堤防というのは、土嚢《どのう》の山のように、緊急事態であふれ出る水をとどめるためのものである。それに対し、ダムというのは、水を絶えず湛えておくために、精巧な設計によってコンクリートで築かれるか、土を高度に圧縮して造られるかしたものである。

堤防にダムとして機能してくれというのは、紙コップにコーヒーマグの仕事を依頼するようなものだ。つまり、パルプではなくセラミックでつくられているかのように、洗って水を浴びても何度も繰り返し使えると期待するようなものなのである。

今日、高さ九メートルのフーヴァー堤防は、下流に住む何万人ものフロリダ州民のリビングと湖とを隔てる唯一のものになっている。陸軍はこの防壁の弱点について驚くほど率直だ。

陸軍のある報告書はこう認めているのである。「水位が上がったときのハーバート・フーヴァー堤防の問題は、一言に集約される。水が漏れるということである」[11]

ハリケーン・カトリーナが襲ったあと、ロイズ・オブ・ロンドンのリスクアセスメントの専門家たちがフーヴァー堤防を見て回り、ハリケーンによる洪水に対する脆弱性を検証した。[12]彼らは、「自然に孔があいている」堤防について明らかに懸念を抱きつつ退散したが、その懸念事項は激しい嵐で水が防壁を越えることだけではなかった。ロイズの監査員たちはこう予測したのだ。「最終的には、傾斜した堤防が絶えずかかっている水圧によって倒れるか、あるいは一グレーン（約六五ミリグラム）の粒子がひとつ除去されるだけの効果で崩壊してしまうだろう」

現在、陸軍工兵司令部は、堤防の特に脆弱な箇所をコンクリートと鋼鉄製の支柱で増強する一七億ドルのプロジェクトを実行している。湖からの放水を制御する、浸食されやすい建造物も修復中だ。このプロジェクトが完了するのは二〇二〇年代半ば以降と見込まれている。

陸軍は同時に、堤防への水圧を減らすため、湖の水位上昇を、九メートルの堤防のはるか下、海抜四・七メートルより下の位置にとどめるべく努めている。陸軍の計算によれば、水位が五・六メートル以上になると堤防が崩壊する危険が生じるとのことである。六・四メートルになると、堤防の最上端まではまだまだ余裕があるものの、崩壊の「可能性が高く」なり、前兆がほとんど、あるいはまったくなくても、突然崩壊することもありうるという。ある年に水位がそこまで上昇する確率は一〇〇分の一である。そう安心していられない数字だ。

「ハーバート・フーヴァー堤防によって守られている地域に住む人々が四万人もいることを考えれば」と陸軍も認めている。「人的被害は重大なものになるだろう」[13]

南北戦争時代の軍隊が戦闘前に砲弾を山のように積み上げていたように、陸軍の作業員は巨礫《きょれき》やさまざまな大きさの岩を備蓄し、水が漏れ出したときに非常事態用の栓として使用するため、堤防の最上端の要所に置いている。湖の水位は突然上昇する可能性があるため（ハリケーン・シーズンには特にその傾向が強い）、陸軍は、水位が危険なほど上がっていないとしても、真夏には堤防のいくつかの堰を開放して、湖の水を大西洋とメキシコ湾に送出することにしている。

洪水が起こってもいないのにこのように堰を開放しているのは、夏の終わりにピークを迎えるハリケーン・シーズンに先駆けて、堤防の背後に広大なスペースを確保しておきたいからだという。

しかし、陸軍はこのルーレット・ゲームに最終的には敗れるかもしれない。根本的な問題は、オキーチョビー湖に水を流し込んでいる土地が約一万一四〇〇平方キロメートルにおよび、湖面自体の面積の六倍もあることだ。それだけの大きさの土地から排水が流れ込めば、水位の上がった水を運ぶために建造された人工の水路の許容量を大幅に超えてしまうのは当然だ。巨大ハリケーンが続けざまに襲うようなことにでもなれば、湖の水位は一カ月で一・二メートルも上昇する可能性がある。[14]そのため、豪雨が数週間続くだけでも、湖は安全な低水位から危険水位にまで上昇する可能性があるのだ。

オキーチョビー湖とエヴァーグレーズ北部が自然のままに放っておかれていたら、湖の水があふれ出ていく土地に住んだり、そこで農業を営んだりする人はほとんどいなかっただろう。その場合、藻類の養分となるリンは現在のように堤防の背後に閉じ込められることなく、湖の自然の南岸を越えて流れていき、エヴァーグレーズ北部の土地がいわば腎臓の役割をはたし、リンを吸収していたはずだ。オキーチョビー湖から湿地帯を流れていってもなお生き残った淡水藻類があったとしても、人口もまばらなフロリダ州南端へと流れ込んで海の波によって破壊され、最終的には塩水がとどめをさすことになっただろう。

しかし、もちろん、オキーチョビー湖は自然のまま放っておかれなかったし、今や陸軍工兵司令部はもともとの「固定位置」を変えて流れ出す方向を操作しようとしているのである。

連邦政府とフロリダ州が共同で資金を提供している、数十億ドルをかけたエヴァーグレーズ再興プロジェクトの一環として、オキーチョビー湖の南に三〇億ドルを費やして巨大貯水池を築く計画が進行中である。リンを多く含む、藻類で汚染されたオキーチョビー湖の水をいったんここに収めたあとで、ゆっくり安全にエヴァーグレーズに解き放とうというのだ。これが実現すれば、水路によってオキーチョビー湖の汚染水をフロリダ州の人口が密集している湾岸地域に流し込む現在の慣習を縮小、あるいは廃絶することができるだろう。しかし、このプロジェクトはまだ資金が集まっていないし、もし集まったとしても、完成まで一〇年以上かかる可能性が高い。

したがって、オキーチョビー湖の水がどれほど汚染されようが、水路によって湖の汚染水をフロリダ州の湾岸に流し込む慣習はしばらく続くことになるだろう。そして、湖の水の汚染はたとえようもないほどひどいものになる可能性があるのだ。

二〇一八年の真夏のある時点では、一八九〇平方キロメートルのオキーチョビー湖の九〇パーセントが藍藻のべとべとした層で覆われた。アルマジロがその上を歩いて渡れるほど分厚い層だった。そのときの湖の水位は堤防を越えるおそれがまったくないほど低いものだったが、それでも陸軍は堰を開き、メキシコ湾に注ぐカルーサハッチー川と大西洋に注ぐセントルーシー川に接続する水路にこれらの汚染水を流し込んだのである。

フロリダ州知事は陸軍工兵司令部を非難した。オキーチョビー湖の有毒な水を誤った方法で流出させ、水生生物ばかりでなく、汚染物が流れ込んだ水路や河道、海岸線沿いに住む下流の人々の生命までも危険にさらしたからである。陸軍は、ハリケーン・シーズンに備えて湖の水位を低く保たねばならず、この件に関しては他に選択肢がなかった、と主張した。

その通りだった。

私がフロリダに旅したのは、二〇一八年夏、オキーチョビー湖からの汚染水の放出がピークを迎え、当時の州知事リック・スコットが藻類非常事態宣言を発令した数日後のことだった。最初の目的地はフォートマイヤーズで、全国的に活動する環境保護団体「リヴァーキーパー」の地方支部の責任者、ジョン・カッサーニと会う予定だった。

私はカッサーニといっしょにカルーサハッチー川にボートで乗り出したいと思っていた。この川はオキーチョビー湖から水路を通って流れてくる水を受け止めてメキシコ湾に流し込んでおり、私は自分の目で藻類の大発生を観察したかったのだ。デッキシューズを履き、日光を通さない長袖のシャツを身につけてやってきたカッサーニの姿を目にしたときには、彼もそのつもりなのだと思った。ボートで出かけようという出で立ちだったからだ。しかし彼は、川に乗り出すつもりはないと言った――私とも、誰とも。そして、彼が最も川に近づいた場所は、フォートマイヤーズの州間高速道路七五号線沿いのクラッカー・バレル（アメリカ東部と中西部の主要なハイウェイ沿いにある、カントリースタイルのレストラン・チェーン）だった。

数週間前、夏になってはじめてオキーチョビー湖の有毒藻類の渦がカルーサハッチー川を流れてきたとき、カッサーニはリポーターを連れて川に乗り出し、過去四年間のうち三年間生じているこの人災の根本原因を熱心に説明した。しかしその後すぐ、腐敗した藻類から漂ってきたガスが原因で、焼けるような肺の痛み、目のかゆみ、激しい空咳に苦しむことになった。彼はそのガスの悪臭について、「赤ん坊のおむつとかびの生えたパンがまざったようなもの」と表現した。しかし、問題はにおい自体ではなく、カッサーニの体が示した反応である。「息が詰まって、吐き気がしました」と彼は語る。

藍藻の大発生が特に危険になるのは、腐敗し始めたときである。細胞壁が一つひとつ壊れていくにつれ、蓄えられた毒素が放出されるのだ。二〇一八年の藻類の大発生では、悪臭があまりにひどかったため、カッサーニの同僚の一人は川から分岐した水路近くの自宅から引っ越さねばならなかった。「彼は家族とともに留まることができませんでした」とカッサーニは語ってくれた。「安全でなくなっていたのです」

カッサーニによれば、オキーチョビー湖から夏の終わりに藻類で汚染された水が流れてくることは予想していたが、二〇一八年の大発生は例年とは事情が異なっていた。最初の有毒汚染物質は、夏になって二週間足らずでフォートマイヤーズにやってきた。カッサーニは、これによって故郷の置かれた状況が新たな段階に入ったと思った。沿岸水域は、今後何年にもわたり夏の間はほとんど立ち入ることができないだろう。

「だからこそみんな大騒ぎしているのです。汚染がここにたどりつく時期が早すぎるのです」と、カッサーニは、クラッカー・バレルの食堂で、昔ながらの釣り具や、釣りに出かけたときの様子をとらえた白黒写真で飾られた壁を背に、むっつりとフルーツカップの果物をつまみながら語った。レストランのレジの近くでは、天井から古風なおまるが吊り下げられていた――古き時代の田舎の店の雰囲気を醸し出すことを狙ったクラッカー・バレルの新機軸のようだった。二〇世紀前半のフォートマイヤーズだったら実際に見つけられそうな店だ。その時代には、カルーサハッチー川はフロリダの内陸部から沿岸に直接流れ込んでおり、都心と周囲のリー郡の人口は二万五〇〇〇人未満だった。今日では、人口は七五万にまで膨れ上がり、人口統計学者の予測では、一世代の間にさらにほぼ倍増すると見込まれている。

カッサーニはおまるを見てほほえんだ。排泄物を連想させる意匠はレストランにふさわしいとは言えないかもしれないが、カッサーニはこれがフロリダ州にぴったりだと思ったのだ。フロリダ州には現在、手に負えない排泄物が絶えず流れ込んできているからである。それでも、カッサーニも言うように、フロリダ州は最近、オキーチョビー湖のリン総量を安全なレベルまで減らす環境規制の目標期限を二〇年延長する法律を通過させた。

水から漂うガスに窒息しそうな住民がますます増えているにもかかわらず、フロリダ州の水質保護政策はむしろ後退している、とカッサーニは言う。

「本当にどうしようもない状況です。本当に」とカッサーニは語った。

しかも、メキシコ湾の藻類問題は、藍藻にかぎらない。メキシコ湾のおそるべき赤潮もまた、リンによって引き起こされているのではないかという懸念が生じているのである。これらの好塩性藻類の大発生は何世紀も前から記録されているし、科学者たちの観察によれば、赤潮を引き起こす藻類の大発生が始まるのは、海岸から約六五キロメートル沖に入ったところだ[15]——海岸の栄養素を含んだ汚染物質が届く範囲をはるかに超えている。それにもかかわらず、さび色の赤潮が海岸へと漂っていくとき、肥料による汚染物質、特に窒素は、赤潮を悪化させている可能性があるのだ。

私はカッサーニを残したままクラッカー・バレルをあとにし、車でカルーサハッチー川の河口に向かった。大きく口を開けてメキシコ湾へと流れ込むあたりだ。全国的なニュースになっていたねばねばの藻類のじゅうたんは数日前にばらばらになっていたが、ビー玉ほどの大きさの藻類の球状のかたまりはまだ水面直下に漂っていた。川は沈殿物が攪拌《かくはん》されてコーヒーのように黒くなり、水面には一艘のボートも見当たらなかった。

私は内陸のオキーチョビー湖へ向かい、湖の北約八〇〇メートルのところにあるベストウェスタンのホテルの駐車場で、オーデュボン協会フロリダ支部の生物学者、ポール・グレイに会った。彼はまず、私たちが立っている場所はもともと湖底だったんですよ、と言った。今では、堤防の影響で湖の水位が上がり、逆にその面積は縮小したため、かつて湖底だった場所やオキーチョビー湖の北端の湿地帯に、人口が増加する州にふさわしく、ホーム・デポやウォルマート、パブリックスといった大規模小売店があちこちに見られるようになり、空港まで建設されたのである。

七〇年前、数十万エーカーの湿地帯を農業へと開放し、フロリダ州南部の広大な土地を氾濫から保護する目的で、灌漑・水管理システムが構築された。しかし、そのシステムは今まさにみじめにも崩壊しつつある。グレイは、そのありさまを私にこの目で見てもらいたがった。「一九四〇年代の車を走らせているようなものですよ」と、州立公園をプリウスに乗って通り過ぎながら、グレイは言った。「しかも、修理するとなると何十億ドルもかかる」

現在のところ、フロリダ州の政治家たちは何十億ドルも費やそうとはしていない。

私たちはまず、オキーチョビー湖の東の水路の入り口に停まった。ここから湖の水は、洪水を制御する水門を通って、約五〇キロメートル東にあるスチュアートの町を流れるセントルーシー川に注ぎ込む。私が到着する前の数日間、陸軍工兵隊は、これらの水門から藍藻で汚染された水を一日あたり二〇億ガロン（約七六〇〇万キロリットル）近くも放出していた。おまけに、湖の反対側でも、フォートマイヤーズに向かう水路に一日三〇億ガロン（約一一三六万キロリットル）も放出していたのである。

「もし私が陸軍工兵隊でも、同じことをするでしょう」とグレイは言った。私たちは堤防の上に立ち、ワカモレのようにねばねばした緑色の「水」を見下ろしていた。「堤防が崩壊するかもしれないときに、環境にやさしく、なんて言ってる余裕はないですよ」

かすかにそよ風が立ち、藻類のガスが漂ってきた。最初、ガスは刈りたての草のようなにおいがした。すると胸に焼けるような痛みが走り、湖畔を歩いているときに咳が出始めた。全部気のせいではないかとも思ったが、ガスの一部が肺に入ったにちがいなかった。咳は数日間続いた。

グレイはミズーリ州の出身で、保全生物学の博士号を持っているが、一九八〇年代に大学院生としてフロリダ州にやってきたとき、ここにずっと住むことになるとは思っていなかった。しかし、彼はこの地に魅せられてしまった。「私は大草原で育ちましたが、真の意味で大草原を知っていたとは言えません。私が生まれたときには、大草原といってもただのトウモロコシ畑だったからです」と彼は言い、さらに、はるか昔になくなってしまった大草原のかつての姿をしのびたければ、絵を見るしかない、と付け加えた。あるいは、ミズーリ州のプレイリー州立公園に行くかだ。馬に乗って公園の芝生を横切るには、やる気まんまんのカウボーイでも約一〇分はかかるだろう。

グレイが伝えたかったのは、フロリダ州中部とは違って、ミズーリ州の自然はしっかり手なずけられていた、ということだ。

フロリダ州民は、北部のエヴァーグレーズの五〇万エーカー近くの土地をトウモロコシの海に変え、季節によって自然にあふれ出るオキーチョビー湖の水をせきとめたかもしれないが、半島の中心部は、アメリカ合衆国本土で最も野生動物にあふれ、最も未開の場所のひとつであり続けている。

グレイは、夏の藻類の大発生にもかかわらず依然としてオキーチョビー湖を棲みかとしている驚くべき数の生物種を指さして示してくれた。何千羽もの渉禽《しょうきん》（水の中を渡り歩いてえさを取る脚の長い鳥）――ユキコサギ、オオアオサギ、アメリカトキコウ。湖の上空はカモでいっぱいだ――普通のカモ、潜水ガモ、アメリカオシ、マダラガモ。同じ上空を、オレンジのくちばしを持つ捕食性のタニシトビが飛び交い、水面下には、絶滅を危惧されているこの鳥がえさとしているリンゴガイが棲息している。湖の沼地は、カエルやカメ、ヘビ、トカゲ、ワニでいっぱいだ。カワウソがうろつく水の中には、シャッドやブルーギル、ブラッククラッピー、ウナギ、サンフィッシュ、チャブサッカーが今でも泳いでいる。

このほか、何といっても、今なおフロリダを思いのままに振り回している天候条件がある。陸軍工兵隊は、これまで制御できないと証明されてきたこの天候をなんとか制御しようといまだ格闘中である。

グレイは、陸軍工兵隊が有毒藻類のかたまりをフロリダの内陸部から人口の密集している湾岸地帯にさらに送り出そうとしていることに不満を隠さなかったが、堤防の崩壊を防ぐためにオキーチョビー湖の水を東西両海岸に水路で送り出さざるをえない状況が続くかぎり、そして湖が絶えずリンで覆われているかぎり、有毒藻類は必ず夏にフロリダの海岸を襲い続けるだろう、とも語った。

それに、もしすべてのリン排出が明日止められたとしても、湖底には多量のリンがすでに堆積し、湖に水を流出させている土地にもリンがしみ込んでいるため、オキーチョビー湖の水が回復するには数十年を要するだろう、というのがグレイの見解である。そう言っている間にも、栄養素の大量流入は続いているのだ。

「私たちはリンをさらに流し込み続けているのに、水質が改善するものと思っているのです。幼稚園児でも信じないようなことですが、みんなそう信じているようです」とグレイは言う。「みんな毎日事態がよくなると期待していますが、実際には事態は毎日悪化しているのです」

上空では、ドローンがオキーチョビー湖の岸辺をめぐっている。きっと、スチュアートに向かう藍藻のヘドロの画像を撮っているのだろう。ドローンを操作している人の姿は見えなかった。グレイは、あれを飛ばしているやつは、スチュアートの自宅のリビングからのんびりやっているんじゃないか、と冗談を言った。いや、冗談ですむ話ではないかもしれない。オキーチョビー湖の水路の下流、ウェスト・パーム・ビーチの北約六五キロメートルに位置するこの小都市の住民は、藻類の大発生の被害を受けつつあるからだ。

東に一時間足らず車を走らせると、そこでは、「リバーズ・コアリション」の月例ミーティングが開かれていた。この団体は、水路の有毒な水の排出を止めさせることを求める大西洋岸の住民によって設立されたもので、会員数は増え続けている。スチュアート市役所での集まりは「忠誠の誓い」で始まり、その後、参加者が自己紹介を行って自らの所属団体を述べた。自己紹介が終わるごとに形ばかりの拍手が起こった。共和党の上院議員マルコ・ルビオ事務所からの代表者、そして共和党の下院議員ブライアン・マストの代表者も登場した。女性有権者同盟の女性会員や州職員を目指す高校教員、自家所有者組合の団体の代表者もいた。ヨット・クラブの代表意見を述べにきた者も二人いた。フィッシング・クラブ、セーリング・クラブ、ボート・クラブの代表者もそれぞれ一人ずつ出席していた。マーティン郡農業局に属する者もいた。ある男性は、単に「怒り心頭に発している住民」とだけ自己紹介した。最も大きい拍手を受けたのはおそらく彼だっただろう。

リバーズ・コアリションの闘争の焦点は、湾岸に向かう水路に流すオキーチョビー湖の水の量を減らし、南のエヴァーグレーズへと自然に流れる量を増やすよう陸軍工兵隊にはたらきかけることである。しかし、これを大がかりに実行しようとするなら、サトウキビ畑での生産をやめ、オキーチョビー湖のあふれた水を溜める貯水池を完成させなければならない。その貯水池の建設計画は一〇年以上も中断したままになっている。

こうして、オキーチョビー湖は依然として環境保護活動家の気を滅入らせるような被害を受け続けているわけだが、ビーチから八キロメートル以上内陸部に入ることはめったにない数百万人の地元住民や観光客には、その実態は長きにわたって見えないまま、認識されないままになっている。しかし、事態は変わりつつある。フロリダの心臓の健康は、上流階級の集まっている臨海地域の健康、沿岸漁業の健康、そして自分自身と子供たちの健康と結びついていることにフロリダ州民が気づき始めたのである。

このときの会合には、『フロリダ・スポーツマン』誌を出版しているブレア・ウィクストロムも出席していた。藻類の大発生のため、彼はスチュアートで最も汚染がひどい水路周辺の一つに立っていた約五六〇平方メートルのオフィスから疎開せざるをえなかった。腐った藍藻（別名、藍色細菌）が高く堆積したため、その上でボウリングの球を転がせるように思われるほどだったのである。ヘドロのかたまりは青緑色に変わり始めていた――藍色細菌が死にかけて、水中と空中に毒素を放出しているこ とのあかしだった。

ウィクストロムはオフィスのドアに「閉鎖――有毒藻類のガスのため」の貼り紙を残した。リバーズ・コアリションの会合に現れたウィクストロムは、葬儀で泣きはらしたような赤い目をしていて、胃痛にも悩まされていた。この三日間というもの、制酸薬のタムズしか口にできない状態だという。彼は、有毒藻類の大発生を、一九六九年にクリーヴランドのカヤホガ川で発生した火災になぞらえた。この火災は大衆の怒りに火をつけ、水質浄化法の可決の一因になったと言われている。「ここで有毒水による被害が起きてうれしいというわけじゃありませんが」と彼は言った。「おかげで、鳥や魚、カニ、マナティーが死んだぐらいでは得られないような注目を浴びていることはたしかですね」

スチュアートを悩ませる藍色細菌はミクロキスティスとして知られ、ミシシッピのビーチを襲っているのと同じ種類のものだが、これが発するガスにさらされると、のどに痛みが出ることが多い。ガスに短期間さらされただけでも、のどの痛みのほか、嘔吐、空咳、肺炎、腹痛といった症状を呈することがある。

もっとおそろしいのは、慢性的に藻類のガスにさらされたことによる健康被害は、何十年も経って症状が現れるかもしれないということである。

ミクロキスティスによって生産されるミクロキスティンという毒素に何年もさらされると、非アルコール性肝疾患、さらには肝臓癌を患う可能性があると言われているが、ダートマスの神経科医イライジャ・ストンメルは、もっと大きな懸念を抱いている。ストンメルは筋萎縮性側索硬化症の患者を専門的に治療しているが、このおそろしい病は、ALSあるいはルー・ゲーリック病の名でも知られ、随意筋を制御する脳や脊髄内の運動ニューロンに影響をおよぼす。最終的にはほとんどの患者が死に至り、その死因は多くの場合、呼吸不全によるものである。息切れがするとか、呂律《ろれつ》が回らないとか、嚥下《えんげ》障害、筋痙攣、手足のひきつりやしびれといった漠然とした症状に悩まされた患者が医師のもとを訪れてから死に至るまで、たいてい数年しかかからない。

ALSは珍しい病気ではあるが、ほとんどかかる可能性がないというほどまれなわけではない。ストンメルが働くニューハンプシャーはそれほど人口密度の高い地域ではないが、それでも数週間に一人のペースで患者がこの病気によって命を奪われていた。そのため、彼は二〇〇八年に、患者がどこに住んでいるかの地図を作製することにした。

ALSの最も不気味な特徴は、この病気にかかる患者がまったく無作為に選ばれているように思われることである。家族で遺伝することもあると実証されているため、ALSの患者の五パーセントから一〇パーセントは遺伝子が原因であると研究者は推測している。しかし、患者の大半には明らかな遺伝的要素はなく、研究者の見解では、少なくとも部分的には、ある種の環境的な要因が関係している可能性があるという――その環境的な要因とは、まだはっきりと特定されていない、人目につかない毒素である。ストンメルはその毒素を特定しようとしており、数年前には、何人かの学生にグーグルアースのプログラムで患者の住所の地図を作製させ、環境的な要因を突き止めようとした。

「患者がどこに住んでいて、何にさらされている可能性があるのか知りたかったのです。そして、患者の多くがマスコマ湖周辺に住んでいることに気づきました」とストンメルは言った。ニューハンプシャー州西部のマスコマ湖はミクロキスティスの被害を受けており、最大長約六・四キロメートル、最大幅八〇〇メートルで、ほとんどがエンフィールドという人口五〇〇〇人未満の小都市に位置している。

ＡＬＳに罹患するのは一〇万人に約二人と言われているが、ストンメルは、二〇〇八年、エンフィールドの住民だけで九人の担当患者がいることを知った。ＡＬＳ患者の急増は——ストンメルによれば、この割合はエンフィールドの規模の町で普通に予想される数字の約二五倍だという——単なる統計的な異常値にすぎないのかもしれない。しかし、ストンメルはこの数字を見てマスコマ湖の夏の藍色細菌の大発生を思い浮かべた。それからさらに思い浮かんだのが——グアムだった。

西太平洋のアメリカ領のこの島では、チャモロ人と呼ばれる先住民の間でＡＬＳに似た病気の割合が驚くほど高いことが確認されて以来、一九五〇年代以降多くの研究が行われてきた。グアム島民は、最大で予測値の一〇〇倍の割合でこの病気を患っていた。[16] 研究者は、グアムで蔓延している病気を調査すればＡＬＳの環境的な要因が発見できるのではないかと考え、グアムに赴いてすぐにチャモロ人の食事に焦点を当てた。チャモロ人の主食は、ヤシに似たソテツという植物の種（スモモほどの大きさがある）をすりつぶして作られるトルティーヤのような料理だった。

研究者はソテツの種を分析し、BMAAと呼ばれるアミノ酸が多量に含まれていることを発見した。室内実験では、このアミノ酸はペトリ皿内の神経細胞を破壊する可能性があることが明らかになった。しかし、ソテツから取り出したBMAAをラットに与える実験を行った結果、科学者の計算により、人間が何らかの神経の損傷の兆候を見せる状態になるには、ソテツの種のトルティーヤを数千ポンド分食べる必要があるということがわかった。

BMAA脳疾患説は一九七〇年代には消えていったが、二〇〇〇年代初頭、再び人々の意識に戻ってくることになった。ハーバードで教育を受けた民族植物学者が、BMAAはトルティーヤ以外の経路でチャモロ人の脳を破壊しているのではないかという説を提示したのである。この植物学者は、チャモロ人と多くの時間を過ごした結果、彼らが長きにわたって「キツネコウモリ」と呼ばれる巨大コウモリを主食としていたことを知った。第二次世界大戦後の数十年間でその数は乱獲によって激減したが、キツネコウモリが主食としていたのがソテツの種だったのである。植物学者は、BMAAが、長い時間をかけ、ソテツの種自体に見られるよりはるかに高い濃度でコウモリの脳に蓄積されていったのではないか、という説を発表した。コウモリがココナッツ・ミルクでまるごと――頭部を含めすべて――料理され、煮込みとして食卓に出されるときには、これを主食とする人々の脳を破壊する、あるいは破壊する一因となるほどBMAAが多量に含まれている可能性もある、と考えたのである。

さらに、ソテツの木の根を分析した結果、植物学者はそこに多量の藍色細菌が棲みついていることを発見した。そして、藍色細菌もまた、BMAAを豊富に含んでいるのだ。

彼が『アクタ・ニューロロジカ・スカンディナヴィカ』誌に発表した記事は、著名な神経科医で著作家でもあるオリヴァー・サックスとの共同執筆によるもので、毒素がソテツの種に、コウモリに、そしてそれを食べる人間に入り込んでいくメカニズムを推定して示している。この説に従えば、毒素入りのコウモリの煮込みを食べた人がALSを患うのは、翌日、いや翌年でさえない。それは症状が出るまで何十年もかかる緩慢な過程であり、ここ数十年でグアムのALSがコウモリの激減とともに減ってきているのも、そのためである可能性があるのだ。

この説は当初、医学界の多くの人々から懐疑的な目で見られたが、専門誌に記事が発表されてから二〇一〇年の間に、コウモリBMAA説は次第にある程度の――広く受け入れられているとはとても言えないが――支持を得てきている。

この説を指示している一人が、フロリダ州のマイアミ大学の海洋生物学・生態学教授のラリー・ブランドである。「コウモリ説をはじめて読んだときは、グアムだけに見られる不幸な特殊事例なのだと思いました」とブランドは語ってくれた。その後、ブランドは、「脳バンク」を管理する大学の同僚の神経科医にこの話をしてみた。「脳バンク」とは、アメリカ国立衛生研究所の六つのバイオリポジトリの一つで、神経疾患をはじめとする病気の研究用のドナーの脳を集めるために設立された機関である。その同僚は、ALSやアルツハイマー病で亡くなったドナーの脳からBMAAを探し出そうとしており、それを見つけたところだということがわかった。

「その時点で」とブランドは言った。「これはグアムのコウモリだけの問題ではないと思うようになりました」。そもそも、グアムのBMAAは、ソテツの根に潜む藍色細菌由来のものだと考えられていたのだ。フロリダでも、慢性的な藻類の大発生のために藍色細菌が蔓延している。こうして、ブランドは、二〇一〇年、激増している藍藻もBMAAを放出しているかどうかを確認する作業に取り組み、フロリダ南部の水域で藍藻が繁茂していることを知ったのだった。

「エビやカニ、フグなどの底生魚の食物連鎖の中に、高濃度のBMAAを含むものが発見されました」と彼は言った。「こういったエビやカニの中には、グアムのコウモリと同じ濃度の――場合によっては二倍の――BMAAが含まれているのです」

二〇二〇年にマイアミ大学がイルカの死体を分析したところ、その脳のBMAA濃度は、ALSで亡くなったマイアミの脳バンクのドナーの脳に見られたものと同程度であることがわかった。これらのイルカは、実験のために殺されたわけではない。ビーチに打ち上げられた死体を収集したものである。調査が行われた一三頭のうち、一二頭の脳からBMAAが発見された。BMAAが発見されなかった一頭は、ボートのモーターのプロペラによって殺されたイルカだった。

では、海産物を食べたり、水を飲んだり、風や波がかき立てたものを吸い込んだりしてBMAAにさらされているかもしれない人類にとって、これはどういう意味を持つのだろうか。フロリダ半島でもどこでも、人々がある日突然ALSを発症し始めるなどと予測している者はいない。しかし、一部の科学者は、ここ数年、あるいは数十年の間に、ALS患者が激増する可能性があると考えている。藻類の大発生が悪化しているとなればなおさらだ。

とはいえ、多くの科学者は、ストンメルのニューイングランドの湖の調査を統計上の異常値にすぎないと切り捨て、相関関係と因果関係を混同してしまった典型的な例とみなしている。ストンメル自身、藍藻が大発生する湖の近くに住んでいるから死亡する可能性が高くなると主張しているわけではない、と明言している。彼が言っているのは、環境毒素や遺伝的性質、生活様式、あるいは単なる不運などの要因がからみ合う複雑な疾患の一因にBMAAが含まれているのではないか、ということである。

「(有毒藻類が大発生している)湖の周辺に住む人がみんなALSにかかるわけではありませんし、グアムでオオコウモリを食べた人がみんなALSにかかるわけでもありません」と彼は言う。「しかし、もしそのような遺伝性素因を持っているなら、ALSにかかる可能性は高くなります。喫煙と肺癌の関係のようなものです。タバコを吸っている人がみんな肺癌にはならないのと同じです」

藍色細菌の異常発生の毒性を専門的に研究しているウィスコンシン大学ミルウォーキー校のトッド・ミラーは、ストンメルの見解を都合よく解釈し、藻類の大発生がALSの引き金になるという考えは「きわめて問題がある」と言っている。

「イルカなどの生物相にBMAAが検出されたことに疑いをはさんでいるわけではありません」と彼は言う。「ただ、BMAAが神経変性疾患を引き起こすにはどれほどの量が必要かという点には、考慮の余地があると思うのです」

だが、藍色細菌とALSの関連性が科学界で激しい議論の的になっているとはいえ、オキーチョビー湖に流れ込む過剰な量のリンによって有毒藻類の大発生が続き、それにともなって健康上の問題も生じ続けるだろうということにはほとんど疑問の余地がない。

スチュアートに滞在中、私はマリーナ・ボート関連の特約店の販売員であるトム・カバを訪ねた。

この特約店は、一〇万ドルのレクリエーション釣り用ボートから四〇〇万ドルのヨットまで幅広く取り扱っている。カバの話では、藻類の蔓延は彼の事業にとって大打撃だが、売上減より心配なことがあるという。自分自身の健康状態もおかしくなっているのだ。数日前からのどの痛みに悩まされ、たいしたことはないと思おうとしたものの、オフィスの外の水路から漂う藻類のガスが原因である可能性が高いという。「気のせいだと思おうとしましたが、そうではありませんでした」と彼は言った。

カバの話では、二〇一六年にも同じような藍色細菌の大発生があり、そのときはボートの購買者が減ったばかりか、「バショウカジキの世界の首都」と呼ばれ、釣りやヨット遊びで有名なスチュアートという都市の評判も危険にさらされたということだ。この年には、セントルーシー川の入り江の魚が数週間まったく姿を消してしまったようだった。最終的に、風や波、潮が有毒なヘドロを海へ押し出してくれたという。

「二カ月後にはネズミイルカやカモメも戻ってきましたが、それは魚が戻ってきたからです」と彼は言った。「母なる自然が自ら後片づけをしてくれたのです。でもあと何回片づけてくれるでしょうか?」

カバの話では、オフィスの窓の外でボートの清掃を行うマリーナの作業員は、グラスファイバーの作業員が装着するような保護マスクをつけ始めているという。防護メガネとゴム手袋も身につけているということだ。カバは首を横に振りながら、ちょうどこの日の朝、陸軍工兵隊がスチュアートに流し込むオキーチョビー湖の汚染水量を増やすことにしたと聞いた、と言った。

「自分を環境保護主義者だと思ったことはありませんが」と彼は言った。「これが誤った事態で、解決しなければならないということは、環境保護主義者じゃなくてもわかると思いますよ」

# 第3部　リンの未来

自然環境を循環するリン元素の流れを人類が破壊する以前、リンは数十億年にわたってすばらしいバランスを保って移動していた。地球の凝固したマグマから生物界へ入り込んだリン原子は、最初の単細胞生物の基盤となり、海洋で生命が定着した。火成岩からリンが放出されるにつれ、ますます多くの生物――さらに複雑な形態をとる生物――が、世界中で誕生し、まず海洋で栄え、最終的には陸地へと進出した。海洋同様、陸地でも岩石が浸食され、あらゆる生物に必須の貴重な元素が滲出していったのである。

あらゆる生命の原動力となっていたリン原子は、陸と海を行き来していた。陸地で生まれたリンの一部は、宿主生物の死体や土壌とともに、河川や湖、海へと洗い流され、水中の食物網を何度も何度も自由に循環したのである。

逆に、水中で生まれたリンが陸に移動することもあった。藻類が岸に打ち上げられ、藻類に含まれるリンが陸生植物によって吸収された場合である。あるいは、魚の大群が沿岸近くの河川をさかのぼったときに、リンが陸上に進出するケースもあった。産卵中の魚は、陸地に棲むあらゆる腐肉食動物や捕食動物の標的になったのである。

水中であれ陸地であれ、あるいはその両方にまたがる場合であれ、世界に放出されたリン原子は、生者と死者の間の永遠の循環に入った。太古の昔から人類が気づいていたこの力学は、「灰は灰に」という聖書の考えを文字通り体現している。ジョニ・ミッチェルの曲から引用すれば、「私たちは星屑《ほしくず》」なのである（実際、地球のリンの一部は隕石によってもたらされたという可能性を示す証拠もある）[1]。

生物の死体とともに比較的生命の少ない深海の宇宙へと行きつくリンもあるが、その損失は、風化する岩石から絶えず放出されるリンによって相殺されたのである。

もちろん、完全な均衡が保たれていたわけではない――リン原子が一つ海底へと失われれば、火成岩の風化によりリン原子が一つ放出されるという具合にいくはずもない。しかし、数年前に行われたＮＡＳＡが基金を提供する研究によって、人間が介入する以前、地球のリンの流れはきわめて微妙なバランスを保っていた可能性が高いことが明らかになった。この研究は、サハラ砂漠から大西洋を西に渡ってアマゾンのジャングルに漂着する砂煙の容積トン数を衛星データから分析したものである。ジェット気流によって、地球上で最も乾燥した場所の一つと、最も緑の多い場所の一つ――そして、きわめてリンの不足している場所が結びついているのだ。

「アマゾンの土壌では、栄養素――商用の肥料に含まれるのと同じもの――が不足している。植物自体の中に閉じ込められているからだ」とＮＡＳＡの報告書には記されている。「栄養素の主要供給源となっているのは分解された落ち葉や有機物だが、その栄養分は土壌に入り込むとすぐに草木によって吸収される。しかし、リンを含む栄養素の一部は降雨によって小川や河川へと洗い流されていく。このため、ゆっくりと水が漏るバスタブのように、アマゾン流域から栄養分が滲出してしまうのである」[2]

砂煙の容積を計算し、大西洋を漂っていった砂塵の量を分析することによって、研究者たちは、自然の状態でアフリカからアマゾンへ年間にしてどれだけのリンが送られているかを見積もることができた。約二万二〇〇〇トンである。では、浸食と洪水によってアマゾンから失われる年間のリンの総量はどれくらいだろうか。NASAの研究によれば、アフリカから流れてくる量とほぼ同じだった。

この研究の調査対象は七年間の砂塵の移動にすぎなかったし、その移動量も毎年異なってはいたが、砂漠（アフリカ）とジャングル（南米）の間のリンのつながりが科学者たちに感銘を与えたことは明らかだ。研究の主執筆者、メリーランド大学のホンビン・ユーは論文をこうしめくくっている。「世界は狭く、私たちはみなつながっているのだ」

ここ二〇〇年で、人間はリンによって保持されていた生命の輪を壊してしまった。その輪に取って代わったのが、鉱山から農場へ、そして水域へと連なる直線であり、その結果、水域は有毒藻類によって汚染されつつあるのだ。

しかし、悩みの種となっているリンの一部を農業の循環に戻す手段が残されているはずだ。その措置をとれば、広がりつつある藻類の大発生を抑制し、かつ地球のリンの埋蔵量の寿命を延ばすことができるだろう。

採掘、精製、輸送によって失われているリンの莫大な量を考えてみてほしい[3]――最大で五〇パーセントにもおよぶのだ。さらに、作物が吸収する前に浸食によって失われているリンの量、廃棄食物の形で無駄にされているリンの量を考えてみてほしい。

食物の持続可能性の専門家で、リン供給量の将来について画期的な研究を行ったオーストラリア人のダナ・コーデルはこう語る。「食物生産に使用しているリンの約八〇パーセントが浪費されています。[4]鉱山から畑へ、そして食物を生産、消費するまでのあらゆる段階で無駄が生じています」

さらに、実際にトウモロコシの茎に吸収され、牛、そして肉や乳製品に入り込んでいくリンでさえ、その大部分は、畑からしみ出る肥やしやリンを大量に含む下水という形で、最終的には河川や湖、海に流れ込むのである。

これらは解決可能な問題だ。連邦政府のエタノール指令によってもたらされている損害についても同様である。もっとも、エタノール指令については（少なくとも現状の形では）、電気自動車の売上増加のためとはいえ、近いうちに撤回される可能性が高い。しかし、これは市場が解決するに任せるべき問題ではないだろう。なにしろ、アイオワ州で行われる四年ごとの大統領選での選挙運動によって、トウモロコシの栽培が促進され、この問題の大きな原因となっているのだから。

バイオ燃料の圧力団体はきわめて大きな力を持っており、世界で最も影響力の強い環境保護主義者もそのメンバーだ——アル・ゴアはかつて、連邦政府のエタノール助成金を声高に支持していた。[5]『不都合な真実』（枝廣淳子訳、実業之日本社文庫、二〇一七年）の著者は、こう告白している。「私がそのような誤りを犯してしまった理由の一つは、大統領に立候補しようとしていたために、私が……アイオワ州の農場主にある種のひいきをしてしまったからだ」

一つ有効な対策は、アイオワ州の大統領選挙の日程を以前のように後ろにずらすことだ——他の理由からではあるが、民主党は二〇二二年にこの動きを検討し始めた。慢性的な汚染やひどい浪費、見当はずれの政策から想像される未来には気が滅入ってしまうかもしれないが、同じようなことは以前にも起こっているのである。

半世紀前、生態学者の草分けであるデイヴィッド・シンドラーは、三五ミリフィルムカメラを手に、バブルキャノピー型のヘリコプターに乗り込み、カナダの荒野へと飛び立って、自身が意図的にリンの肥料を投与した僻地の湖の象徴的な写真を撮影した。

不気味な緑の湖面の写真は、二〇世紀半ばにエリー湖をはじめとするアメリカ大陸中の水域を荒廃させた藻類の大発生の原因はリンの詰まった洗剤である、というシンドラーの最終結論を補強するものだった。この写真はシンドラーの主張の真実性をこれ以上ないほど裏づけ、一般市民に迅速な決断を促した——シャツやシーツをより白く、清潔にするために水を汚染することはあまりに高い代償だと人々は気づいたのだ。一九七〇年代、一九八〇年代に洗剤のリンの使用は廃止されるか大幅に削減され、わずか一〇年あまりのうちにアメリカの藻類問題は大きく改善したのである。

今日生じているリン問題はより深刻さを増しているかもしれないが、絶望的というわけではない。シンドラーは二〇二一年に八〇歳で亡くなったが、その死の少し前に次のような警告を語ってくれた。北米大陸中の——そして世界中の——水域に広がっている有毒藻類の新たな大発生は、問題が複雑化し、規模も大きくなっているので、前回ほど簡単には解決できないだろう、と。

シンドラーの説明によれば、一九七〇年代には一握りの洗剤メーカーが事業のやりかたを変えるだけでよかった。ところが今では、アメリカのリン問題だけをとってみても、アメリカ合衆国本土の土地の約四〇パーセントで操業しているおよそ二〇〇万の農場主が関係している。[6] 進行中の農業汚染の脅威をさらに複雑にしているのが、「遺産」リンだという。農業の専門家から田畑に肥料をたくさん撒けば撒くだけ効果が上がると言われ、農場主が何十年にもわたって肥料を多量に撒き続けた時代のリンが、農地土壌に多量に蓄積されているのである。この土壌から今後何年にもわたって過剰なリンが滲出することだろう。しかし、だからといって、科学的に問題を解決する努力を怠ってよいはずがない、とシンドラーは主張した。シンドラーは今回の問題も解決できるものと考えていたのだ。

「まずは、リンの使用と、リンを流出させている土地の使用を厳しく制限すべきですが、とても忍耐強く行うことも大事です」とシンドラーは語ってくれた。「数年で実現できることではありません。物事がうまくいかないのはきまって忍耐強さが欠けているからです。人間というのは、どういうわけか、五〇年かけて湖をひどい状態にしておきながら、問題を解決するには数年ですむと思ってしまうものなんです。でも、そんなうまい話があるはずはありません」

ジェイムズ・エルサーはモンタナ大学の生態学者で、アリゾナ州立大学の「持続可能なリン連合」の責任者である。エルサーのチームは、研究者や、リンと関係するさまざまな産業界の人々――肥料製造者、作物栽培者、酪農家、食物生産者、下水処理場運営者――とともに、より持続可能なリン・システムを再構築することに取り組んでいる。この問題についてのすぐれた共著もある[7]

エルサーは、物を浪費し、水を汚染する私たちのやりかたを変える必要性がますます切実なものになりつつある、と言っている。

「二〇五〇年には、九〇億、一〇〇億という人々が食べていかなければならないでしょう。裕福な人々が増加するのはまことにけっこうなことですが、それは同時に、肉の生産がさらに求められるということでもあります。そのため、リン・システムはさらに逼迫した状態に陥っているのです」とエルサーは言う。「その一方で、人々は水を飲む必要があるということも忘れてはいけません……これらの二つを同時に両立させなければならないのです。難しい問題です」[8]

今日の問題が、二〇世紀に引き起こされた――そしておおむね解決された――最初のリン問題と比べてはるかに困難なものであるということについては、エルサーもシンドラーと同意見である。「人類はこれまでリンを撒き散らしてきました。今は、それが流出している段階です。リンは地下水にも存在しているし、塵となって大地の上を漂ってもいます」とエルサーは言う。「リンはあらゆるところに存在しており、この問題を解決することは困難です。食物を作る必要がある以上、リンをともなう活動を止めることはできません。そのために前回よりはるかに困難な問題になっているのですが、私たちはいまそれに取り組んでいるところです！」

勇気づけられる事例が一つある。芝生の手入れ関連の巨大企業、スコッツ・ミラクル・グロー社は、十数年前、庭に撒く肥料のほとんどからリンを除去したが、それ以前に、すでにおよそ半ダースの州がリンを使った芝生用肥料を禁止する措置をとっていたのである。世界的に見て、大量の肥料を撒かれた芝生はリン問題のごく一部を成すにすぎないと考えられたため（湖によっては、芝生のリンが主要因になっているケースもあるだろうが）、これは小さな一歩にすぎなかった。しかし、一般大衆が、そして肥料産業が、リンと水質汚染の関係に対する意識を高めるという点においては、これは重大な動きだった。

この意識はさらに高めていく必要があるが、そのためには、自然は一度使ったら流し去ってよいようにリン原子を設計しているわけではない、ということに人々が気づく必要があるだろう。

水を例にとってみよう。現在地球上にある$H_2O$は、今後その量が増えることはない。水分子は一時的に汚染物質と結びつくかもしれないし、永遠に氷河に閉じ込められてしまうかもしれない。あるいは、地域全体が数十年にわたって旱魃に苦しむこともあるかもしれない。それでも、地球全体の水のバランスが変動することはない。したがって、水が尽きるということはありえない。だからといって、水の供給について心配する必要がないということではない。汚染や旱魃、分水計画によって水の供給が不足することもあるし、気候変動のために水が過剰に供給されることもある。たとえば、今後数十年ですべての氷河が解けるようなことがあれば、海面は約七〇メートル上昇し、世界中のほとんどすべての沿岸都市（およびそれ以外の多くの都市）が沈んでしまうだろう。

リンの循環の機能も同じようなものである――基本的に、地球上に現在あるリン原子の量が今後増えることはないだろう。リン原子は数十億年にわたって生物界に滲出してきた。氷河が解けて水が一滴ずつ流れ出すように、岩石が浸食されていったのである。海底に降り積もった海洋生物の死骸によって形成された堆積岩を採掘することでリンの滴りを噴出させるすべを覚えてから、人類は世界をリンの洪水で水浸しにしてしまった――いくつかのケースでは、破滅的な影響をおよぼしている。私たちは水なしでは生きていけないが、リンなしでも生きていけない。しかし、これも水と同様、リンがありすぎればありすぎたで深刻な問題が生じるのである。

「私たちは、数百万年にわたってこれらの（堆積岩の）鉱脈に蓄積してきたリンを取り出して、ここ五〇年で世界に放出してきました……そしてその影響はまだ始まったばかりです」とエルサーは語る。「私は、リンは生物学の反応促進剤のようなものだと考えています。山火事にガソリンを注ぐようなもので、生命が荒れ狂ってしまうのです」

放出してしまった奔流を押しとどめるためには、リン元素とのつきあいかたを変える必要がある。リンの採掘・処理方法や、化学肥料の使用法を効率化するくらいでは不十分だろう。

人間や動物の排泄物は無駄なものだという根深い考えを捨てなければならない。決してそんなことはないのだから。


少将の父を持つ北朝鮮の兵士、呉青成《オ・チョンソン》は、二〇一七年一一月のある曇った日の午後、飲酒運転をして非武装地帯の北側の軍検問所を通過してしまった。違反行為の重大性に気づいた当時二四歳の呉は、アクセルを踏んで近くの韓国国境へと全速力で飛ばし、北朝鮮の兵士たちが発砲する中、ジープを乗り捨てて北緯三八度線に突進した。何十発という銃弾が浴びせられたため、呉は非武装地帯の真ん中で死んだものとされて放っておかれたが、驚くべきことに、彼は出血多量で死亡することはなかった。

最終的に、呉は韓国の兵士たちによって安全な場所まで引っ張っていかれ、そこからヘリコプターでソウルに輸送された。ソウルで救命手術が行われたが、そのとき、呉の内臓を破壊したのは銃弾だけではないことが明らかになった。ずたずたになった腸の縫合手術のために呉の体にメスを入れると、三〇センチメートルはあろうかという薄橙色の寄生虫の群れが飛び出してきたのである。

これらの寄生虫は、飢えに苦しむ北朝鮮の人々が肥料として田畑に撒いた人糞から発生したものらしいと知って、アメリカのジャーナリストたちは愕然とした。飢えに苦しむ二五〇〇万の国民のために食物生産を促進すべく、近年北朝鮮政府が作物に撒く下水を増やすよう命じたことが大きく報道された。

『ニューズウィーク』の見出しにはこう記された。「北朝鮮の金正恩《キム・ジョンウン》は、農場主が作物に人糞を撒くよう強制することで、寄生虫による疫病を蔓延させているかもしれない」

北朝鮮の最高指導者が国民に対して言語道断のひどい行動をとってきたことは疑う余地がない。しかし、作物の肥料として人糞を使うよう農場主に指示したことは、必ずしもひどい行動ではない。それどころか、常識にのっとった行動と言ってよいのだ。少なくとも、一九世紀半ばのヨーロッパの下水道革命の前には常識だった。

今日の先進国では、トイレから流れていったものがその後どうなるかに思いをはせる人はほとんどいない。しかし、一九世紀のロンドン市民にとっては、人間の排泄物はいつも心から――あるいは鼻孔から離れることがないものだった。当時のロンドンの下水システムは老朽化して規模も小さく、激増する人口の排泄物をテムズ川に運ぶ作業に耐えうるものではなかった。そのため、ロンドンの人間の排泄物の大半は、地階や裏庭の汚水だめから手作業で取り除かれていた。「汚穢屋《おわいや》」として知られた夜の労働者たちが、ショベルやバケツ、手押し車で作業を行ったのである。夜間に行われたため、普通の生活をするロンドン市民は、通りで排泄物をしたたらせて進む手押し車と行き会わないですんだ。

こうして集められた排泄物の一部は河川に捨てられたが、その多くは田舎に運ばれた。排泄物が作物肥料として利用できるよう危険な害虫をあぶり出す処置をほどこしたうえで、堆肥に加工されたのである。この慣習はかつてヨーロッパ中で普通に見られたものだった。

しかし、産業革命が進んでロンドンの人口が激増すると、当然のことながら排泄物の量も激増し、汚穢屋はさらに遠くの農業地帯まで運んでいかねばならなくなった。一九世紀半ばには、ロンドンは世界がこれまで経験したことのないような規模の大都市に発展し、排泄物は安全に運び出されるより速いペースで堆積していった。この結果、ロンドンの二五〇万の住民はコレラなどの災厄に見舞われることになったのである。

当時の科学者のほとんどが、疫病はすべて汚染された空気が原因だと主張する中で、ロンドンの医師ジョン・スノーは、汚染された水こそが問題だと考えるようになった。一八五四年にコレラがロンドンで大流行したとき、彼が自分の説を証明すべく行動を起こしたことはよく知られるとおりである。スノーはまず、コレラにかかった人々の家の分布図を作った。それから、感染経路を徹底的に調査し、コレラ患者の多くに共通する原因を探り当てた――ロンドンのソーホー地区のブロード・ストリートのポンプから運び出された水である。

このポンプのそばに漏出する汚水だめがあることがわかった。さらに、コレラにかかった赤ん坊の母親が、おむつを洗った水を汚水だめに捨てていたことも明らかになった。この汚水だめは、飲料水用の井戸にまで滲出していた。スノーは地元の役人を説得し、取っ手を除去して井戸のポンプを使えないようにさせた。すると、すでにピークを超えていたとはいえ、コレラの流行はすぐに衰退したのである。

今日、ブロード・ストリートのポンプの調査は公衆衛生の歴史における大成功例とされている（もっとも、ある夕刻、私はポンプがあった場所に設置された複製を見に行ったが、すぐ隣に位置するジョン・スノーの名を冠したパブの常連客たちはこの複製にほとんど興味を示さなかった——興味を示すとしても、タバコの吸い殻を投げつけて的にするぐらいのものだった）。スノーの研究によって、ロンドン市民は汚染水の危険性に目を開かされることになったかもしれないが、それだけでは、政府首脳にロンドンの下水処理方法を大きく変えさせることはできなかった。

そして、一八五八年の「大悪臭」がやってきた。この年は雨がほとんど降らない猛暑で、テムズ川の土手で温められた人糞の山は強烈な悪臭を放ち、川岸に位置する国会議事堂であるウェストミンスター宮殿には、消臭のためにおびただしい量の消毒薬を撒かねばならなかった。それでもなお、ウェストミンスター宮殿の廊下を足早に通る国会議員たちは、鼻にハンカチを押し当てていた。

どんな疫学調査にも動かされなかった政治家たちが、この悪臭騒動でようやく重い腰を上げた。彼らはロンドンの人間の排泄物に宣戦布告し、列車のトンネルほどの大きさの下水本管を建設した。この本管に小さいパイプが網の目のように張りめぐらされた下水システムによって、ロンドンの廃棄物はテムズ川に流れ込んだ。テムズ川の流れと海洋潮汐により、汚物は海へと運び去られた。

ロンドンの空気と飲料水の質はすぐさま改善され、それからさほど時を経ずして、ヨーロッパと北米中の都市がロンドンの範に倣ったのだった。

排泄物をこのように流し去ることで、一九世紀の西洋の都市生活を悩ませていた病気と腐敗は減少したが、その代償は大きかった。ある程度は予期されていたことだったが、想定外のこともあった。下水システムの建設、運用に金がかかったばかりでなく、リンが豊富に含まれた人糞を河川や湖に流し込んだことで、ヨーロッパと北米中の公共水路に有害な藻類が大発生したのである。

さらに重大だったのは、このように人間の排泄物を水路に流出させることにより、リンの循環が永遠に破壊されてしまったことだ。以後、西洋世界は化学肥料に依存しきった道を突き進むことになる。

ロンドンの下水システムの弊害を最初に見抜いた人物の一人が、肥料のパイオニアというべきユストゥス・フォン・リービッヒだった。彼は、世界最大の都市が生み出す排泄物をこのような形で処理することは、経済的にも、農業の面でも、とほうもない誤りだと考えていた。この見当違いの方策を続ければ、イングランドの栄養素問題は破滅的な状況に陥らざるをえない、と見通していたのである。イングランドが世界中の墓場や糞の山、リン鉱床をいくらあさろうとも、結局それらは尽きはててしまうはずだ、とリービッヒは主張した――すべてが尽きはてるだろうと。

一八五九年、ロンドンが下水道建設におおわらわになっていたとき、リービッヒは『タイムズ』に寄稿してこう述べている。「今日の農場主は、外国からの肥やしの輸入は無尽蔵だと思いこんでいる。都市の下水から養分となるものを集めるより、グアノや骨を買うほうがずっと簡単で、グアノや骨が不足するような事態になってはじめて下水から肥やしを集めればいいと考えているのだ」[10]。リービッヒにしてみれば、このやりかたは「危険かつ致命的」なものだった。肥料を輸出している国々ではやがて自国に供給する分が足りなくなり、その結果、輸出が削減されることは火を見るより明らかだったからである。

しかし（とリービッヒの主張は続く）、ロンドンの下水から大規模に肥やしを集めれば、差し迫った二つの問題に対処することができる。

「私は現在の困難を知らないわけではない。実際、非常に厳しい状況だ。しかし、二つの目的——下水道を流れる排泄物の除去と、その貴重な養分を農業に再利用すること——に関して、技師と科学者が理解し合えるなら、よい結果が生まれることはまちがいないだろう」とリービッヒは記した。さらに、ロンドン市民がこの問題を解決できなければ、ヨーロッパのどの都市も解決できないだろう、と付け加えている。

一九世紀のジャーナリスト、ヘンリー・メイヒューは、人間の排泄物を流して捨て去ることについて、経済的な観点から考察した。メイヒューによれば、イングランドの農場主は一八五〇年代、外国の肥料を輸入するために年間約二〇〇万ポンドを費やしていたという。その一方で、ロンドンは肥料となる養分が豊富に含まれる下水を毎年約四〇〇〇万トンもテムズ川に流し去っていたのである。メイヒューの計算では、これはつまり、毎年約一一万トンのパンを捨てているのに等しいということになる。

「もし畑に撒けば何千もの人々の生命の糧となるものを河川に注ぐことによって、私たちは生命と健康の養分を病気と死の細菌に変えてしまっているのだ」[11]と彼は書いている。

同じ時期、同様の環境保護的な考えが、英仏海峡の向こう側の文化人の間でも広がっていた。一八六二年には、ほかならぬヴィクトル・ユゴーが、ヨーロッパの諸都市が自ら生み出した生産物を捨て去っている一方で、地球上ではるか遠くに位置する場所から動物の化石化した糞をかき集めているというのはなんとばかげた行為だろうか、と嘆じている。

「世界が失っている人間や動物から出る肥料を、水に押し流さずに大地に返してやるなら、ただそれだけで世界を養うに充分だろうに」と、ユゴーは『レ・ミゼラブル』で記している。「車よけの石の隅にうずたかく積まれたゴミの山、夜の街路をガタガタ通っていく泥運搬車、ゴミ捨て場のぞっとするような樽、敷石に隠され、地下に悪臭を放つどぶ川の流れ、あれがなんであるかご存じだろうか？　あれこそが花咲く牧場、緑なす草である。タイムやサルビアである。獲物であり家畜である……香《かぐわ》しい秣《まぐさ》、黄金色の小麦である。あなたがたの食卓にのぼるパンであり、暖かい血潮である。健康、歓喜、生命である」[12]

　このようなラディカルな考え方は、一九世紀中ごろのヨーロッパ人には理解しがたいものだったかもしれないが――そして今日でも少し理解しがたいところがあるが――アジアではごく当たり前のことだった。

　一九世紀末にアジアの大都市を訪れた西洋の農業・衛生の専門家たちは、糞尿を肥料として利用するという「時代遅れの」慣習の利点を目の当たりにして言葉を失った。「極限まで文明化の進んだ西洋人が、苦労して金銭的損失を負ってまで廃物焼却炉を建設し、下水を海に流している一方で、中国人は廃物も下水も肥やしとして利用している」と、上海の衛生官をつとめるイギリス人は一八九九年に記している。「農業という神聖な義務は至高のものであると心に深く刻んでいる中国人は、一切無駄にしないのだ[13]」

耕作地に人間の排泄物を含んだ堆肥を撒く洗練したネットワークを創造することにより、中国人はリービッヒのあらゆる主張が正しいことを証明していた。彼らは他国のリン貯蔵地を奪う必要がなかった。下水システムに金をかける必要がなかった。そして、下水が飲料水を汚染することについて心配する必要もなかったのである。

衛生官の報告書は、一九世紀のヨーロッパ式の下水システム（つまり、下水処理を一切ほどこさずに水を水路に直接捨てるやりかた）を人口密度の高い東洋で採用すれば、「衛生上の自殺行為[14]」になるだろう、と記している。「そして実際、近年の細菌の研究により、糞便物質や家庭の塵芥《じんかい》を分解するには、きれいな土壌に戻すことが最も効果的であることがわかってきた。そうすれば、そこで自浄作用が起こるのである」と衛生官は書いている。

アジアの主要都市は人間の排泄物の再利用法を改善してきたが、その洗練されたクローズドループの排泄物処理システムは、パイプではなく荷車を利用したものだった。農場主は、穀物や野菜、動物を売るために荷車に載せて都市に行き、その同じ車を使って、都市が生み出した排泄物を肥料にするために田舎へと持ち帰ったのである。そしてまた排泄物を使って穀物、野菜、動物を育て、これらをまた荷車に載せて都市へ行ったのだ。これが延々と繰り返された。何千年もだ。

一九〇九年、リン鉱石の採掘によって小さなバナバ島が荒廃しようとしていたとき、アメリカ合衆国の土壌学の先駆者、フランクリン・キングは、九カ月かけて中国、朝鮮半島、日本をめぐり、アメリカよりはるかに人口密度が高く、農地が狭いにもかかわらず、これらの国々がどのようにしてすぐれた農業実績を上げ続けてきたのかを学ぼうとした。

キングの観察によれば、アメリカ人は、植民地とした大陸で農業を始めて数十年のうちに土壌肥沃度の問題に突き当たることになったが、何世紀にもわたって同じ土地で農作業を行ってきたアジアの農業従事者は、化学肥料で満たされつつあったアメリカの耕作地より最大で四倍もの生産能力を持つ土壌を維持することができたのである。

「私たちの国土の農地は肥沃さを失い、一世紀にわたって耕作に使用されている土地も比較的小面積にとどまっているし、採算がとれるだけの収穫高を確保するために、その農地には毎年膨大な量の無機質肥料が撒かれている」と、キングは重要な著作『東アジア四千年の永続農業』（杉本俊朗訳、農山漁村文化協会、二〇〇九年）で述べている。「この事実を鑑みるとき、今こそ、蒙古人種が数世紀にわたって実践してきた諸慣行を深く考察すべきであることが明らかになるのだ[15]」

糞をパイプによって送り出すという考えは、公衆衛生の保護と便利さという点で西洋人の心をつかんだ。しかし、ヨーロッパ人が有害な廃棄物とみなすようになったものが、東洋中の多くの都市では昔から貴重な必需品と認識されていたのだ――しかも、それは抽象的な概念としてではなかった。キングの報告によれば、一九〇八年には、上海の一区画の糞尿を一年間収集する権利は文字通り値千金で、現代の貨幣価値に換算して約一〇〇万ドルで買われていたのである。[16]

長旅の間にキング一行が訪ねたある稲田は、井戸から水を引いていたが、井戸のポンプの動力は、メリーゴーラウンドのごとく車輪につながれた牛だった。そのぐるぐる回る牛のあとを一人の少年がついていき、垂れる糞を拾う作業にあたっているのを見て、キングは最初不快感を覚えた。糞を拾うのに使われているのは、一・八メートルの竹竿に木のひしゃくが取りつけられたもので、少年はこの道具をたくみに操って、栄養分たっぷりの糞をバケツに入れていくのだった。

「こんな仕事が若い者に課せられていることに対して一瞬憤慨が胸にわき起こったが、そんな気持ちが起こったのも、節約がどれほど徹底的に実践されているかを私たちがやっと理解し始めたばかりだったからである。少年の顔には、不満を示すような表情は見られなかった」とキングは報告している。「少年は当然のこととして役目をはたしていた。そして、よく考えてみると、そうであってならない理由は何もなかった。実際、今行われているその方法こそが、唯一正しいやりかただったのだ。もしこうやって糞を拾わなかったら、状況は悪化していただろう。この慣習が行われているからこそ、いっそう多くの米を生産することができているのだ。この若者にはすばらしい人格が形成されつつあった。それは成長期の個人においては節約の精神であり、民族にとっては無限の生命である」[17]

キングは日本の堆肥小屋を見て回り、排泄物も自然に任せていれば、五週間から七週間のうちに細菌まみれの都市・農業廃棄物から貴重な肥料に変わることを確認した。キングが引用している土壌分析は、排泄物を利用することによって奪ったのと同じだけのリン（と窒素とカリウム）を日本の農場主が毎年土地に還元していることを示していた。

「日本の人々は現在、これら植物栄養素の三要素を、作物とともに取り除かれたのとまったく同じ量だけ、植えつけごとに田畑に撒いている。現在だけでなく、おそらく長きにわたってこの習慣を続けてきたのだろう」とキングは結論づける。「アメリカの農作業においても、最終的に同じようにやらないですむと示すものは何もない」[18]

もちろん現在ではアジアの都市じゅうに西洋式の下水システムが普及しているが、それでも、土壌の生産性を維持するようにと何千年にもわたって植えつけられた教えは根強く残っている。二〇一四年に行われた調査では、中国の五つの省の田舎の家庭の八五パーセントが依然として下水も含めた廃棄物を作物の肥料として使っていることがわかった。[19]

しかし、現在では細菌にまみれた人間の排泄物の危険性も明らかになっているのだから、糞便を食料に混ぜることは危険なのではないだろうか。私はこの質問を、ウィスコンシン大学の土壌学の教授、フィリップ・バラクにぶつけてみた。バラクのオフィスは、フランクリン・キングにちなんでキング・ホールと名づけられた場所にある。バラクは私の質問に対して、「最近、中華料理店で生の野菜を食べたのはいつですか」という問いを返してきた。それから彼は、一九八〇年代半ばに大学院生として中国の農業を見て回った経験を語ってくれた。ある日、見学の最後にたどりついたのは、人間の排泄物を利用した肥料で栽培されたダイコンが一面に植えられた畑だった。バラクの現地調査旅行に同行したドイツ人教授は、その魅力にどうしてもあらがうことができなかった。畑からダイコンを一本抜き取り、外回りの実業家がレストランのサラダバーからオリーブをこっそり盗み食いするように、むしゃむしゃ食べてしまったのである。

「中国人の案内人たちはみな、それを見て顔をしかめました」とバラクは語ってくれた。彼らは、ダイコンの栽培のために畑で何が使われているかを知っていたから、ドイツ人教授の行動に仰天したのである。堆肥にするために適切に処理されたとしても、人間の排泄物には細菌が生き延びるものであり、だからこそ、伝統的な中華料理で使われる野菜はきまって火を通した状態で供されるのだ、とバラクは説明してくれた。「それが彼らの汚物処理のやりかたなのです」と彼は語った。

バラクは、人間の排泄物を利用した肥料の歴史や、地元の下水処理場から排泄物の一部を再利用しようとするプロジェクトの取り組みなどを嬉々として語ってくれたが、今日の人類を支えている農業や化学肥料産業を非難することはなかった。

「農業が人口増加に対応するには、化学肥料を利用するしかありません」と彼は言った。「そのために大きな問題が生じているのはたしかです。地球に七〇億人以上が住むのは厳しいのです。だからといって、地球に住む資格のある人とない人を分けるなんてことをしていいはずがありません」

しかし、人類がリン採掘でやっていけることにも限界がある、とバラクは言う。「農業システム全体が、『必要なだけ使っていい、もっと生み出すから』という考えにもとづいているのです」と彼は言う。そんな考えでやっていたら、長くは維持できないことが明らかな食品システムを遺された未来の世代はどうなることか、と彼は心配している。

リン採掘産業の当事者たちは、今後三五〇年以上尽きないだけの埋蔵量があると主張しているが、これまで見てきたとおり、一部のリン専門家は、地域によっては、数十年のうちにリンの不足によって壊滅的なダメージを受ける可能性がある、と主張している。しかも、楽観的にも思える三五〇年という予測でさえ、それほど時間の余裕があるわけではない。偶然にも、三五〇年というのは、ヘニッヒ・ブラントが一六六九年にハンブルクの実験室でリンを発見してから今日までの年月とほぼ同じだ。

リン鉱床が、少なくとも地域的に、食物の生産に支障をきたすほど少なくなってしまうのに何年かかるかははっきりしないとはいえ、私たちが将来の世代に禍根がおよぶようなやりかたで現在リンを使いまくっていることはたしかである。

「子供のための資源をすべてこのように奪って無駄遣いしている私たちのことを、将来の世代はどう思うでしょうか」とバラクは問いかける。

こう問いかけられた私は、過去の世代は現代農業のありようをどう考えるだろうか、と思った。私はさらに、木製のひしゃくを手にぐるぐる回る牛のあとをついていく仕事をしていた中国人の少年は、数千頭の牛と池ほどの大きさのある肥やしの沼を所有する現代アメリカの酪農家をどう思うだろうか、と考えをめぐらした。

中国人の少年はおそらくそこに無限の富を見出すだろう。

現代の食肉処理場は、産業的な規模であらゆる部位を驚くほど有効活用している。解体された牛は、食用の肉になる部位以外もほとんど他の形で市場に出ていく。皮は車の座席や財布、靴、ソファに利用される。脂肪は、石鹸やボディクリーム、口紅、練り歯磨きへと加工される。臓器は、インスリンやステロイド、抗凝血剤に利用される。骨を茹でて抽出されるゼラチンは、マシュマロに入れられる。

しかし、牛が生きている間に生み出される「廃棄物」つまり排泄物に関しては話は別だ。栄養素に富む肥やしは、同じようにさまざまに利用されていいはずである。ところが、動物の排泄物の利用は、中世からほとんど進歩がない。液状化したうえで、土地が栄養素を必要としているかどうかへの考慮もなく、茶色の霧を田畑にふりかけるだけである。

アメリカ合衆国とカナダの国境地帯（エリー湖を含む）の水の問題を監督している両国による組織、インターナショナル・ジョイント・コミッションの会長は、かつてこう語ってくれた。「人々はいつか、この肥やしが無駄なものなどではないことに気づいてくれるでしょう。それは資源なのです」

その「いつか」は今である。

畜産が産業的な規模で行われるようになり、工場のような飼育場が何千頭もの家畜を抱え、一つの都市と同じほどの量の廃棄物を生み出している現在、議会がとるべき措置は、当然、農業に対する水質浄化法の適用除外の撤廃を再検討することである。大規模飼育業者が産業規模で汚染をもたらしていることは明らかであり、彼らはその責任を負うべきなのだ。

しかし、連邦法よりも経済的な事情のほうが事を動かすかもしれない。

二〇二二年春の『ミルウォーキー・ジャーナル・センティネル』の記事によれば、アメリカの酪農の中心地ウィスコンシン州の真ん中で、合計二万五〇〇〇頭の牛を管理している一ダース近くの飼育場が、肥やしをプールして六〇〇〇万ドルの「蒸解器」で加工する試みを始めようとしているという。この蒸解器は、細菌を利用して、牛の排泄物に含まれる炭素をメタンに変換するのだ。この天然ガスはその後、州と州を結ぶパイプラインのネットワークに送られ、これによりアメリカ中に燃料が運ばれることになるのである。

この事業は、ガソリン会社に税額控除を与えて低炭素燃料源を奨励しようとするカリフォルニア州の計画の一環だ。低炭素燃料源にはメタンも含まれ、はるか遠くウィスコンシン州の肥やしもその資格があるのだ。『ジャーナル・センティネル』によれば、このカリフォルニアの法律によって肥やしブームが起こる可能性もあるという。三五〇〇頭の牛を所有していれば年間三五万ドルも稼げる計算で、もし酪農家が肥やし蒸解器に自ら投資していれば、さらに大きな儲けが見込めるのだ。「その時点で、牛乳は肥やし生産の副産物になったのです」[20]とは、同紙が引用している業界コンサルタントの言葉である。

これはあまりにも奇をてらった言い方に思われるかもしれないが、そうでもない。牛乳生産の利《り》鞘《ざや》は時としてきわめて少なく――利鞘がまったくないときもあるほどだ――二〇二〇年には、需要が激減したため、飼育業者は畑に牛乳をぶちまけて捨てることになったほどである。肥やし同様、乳牛は市場が冷え込んだからといって乳の生産をやめてはくれないのだ。

牛乳の過剰供給問題は今に始まったことではない。連邦政府は、かつて何十年にもわたり、過剰に供給された牛乳を買い取って低品質のチーズとして保存し、貧しい人々に提供していた。現在では、政府自体はかつてのように無料のチーズを備蓄して分け与えてはいない。しかし、連邦政府の補助金のおかげで牛乳は近年過去最高レベルの生産量を記録し、ほぼ毎年、供給が需要を上回っている――二〇一八年には、政府の助成金を受けた約六四万トンにおよぶ過剰分のチーズが、アメリカ中の冷蔵倉庫に保管されることになったのである。

だから、ここ数十年食品の物価が上がっているにもかかわらず、牛乳の値段は逆に下がっていることも驚くにはあたらない。牛乳が現在でも比較的低価格にとどまっている理由の一つは、ここ半世紀の間に牛乳の生産量が激増する一方で一人当たりの消費量が激減したことのほかに、酪農家が生産の真のコストを払っていない、ということなのである。

払っているのは一般市民だ――ビーチが遊泳禁止になったり、飲料水の供給が脅かされたりという形で代償を払っているのである。

栄誉あるストックホルム水大賞の受賞者で、ウィスコンシン大学マディソン校陸水学センターの名誉教授のスティーヴ・カーペンターは、「河川や湖に肥やしをすべて捨て去ることで、私たちは牛乳を安くしているのです」[21]と語ってくれた。

急成長しつつある肥やしブームを牽引するのはメタンだが、牛の死体同様、肥やしにはほかにも利用できるものがある。次に行うべきは、栄養素――特にリンと窒素――に焦点を当てて、これらの輸送や散布方法をより経済的、効率的にすることだ。糞をいっぱいに詰めこんだ巨大トラックを運転して回り、求めている人がいる田畑にどこでも撒き散らすというやりかたは変える必要がある。

肥やしを効率的に利用することの恩恵は、水質を保護するという点でも、未来の世代にリン鉱石の埋蔵量を保持するという点でも、圧倒的なものだ。

「肥やしがすべて［農業］生産に再利用されれば、リン肥料の半分は使わずにすむようになるでしょう」と、「持続可能なリン連合」の責任者エルサーは語る。つまり、肥やしを肥料として積極的に改善していけば、今日のリン使用量を基準に計算すると既存のリンの埋蔵量の寿命を二倍にできることになる。

肉の生産量についても見直すべき点がある。アメリカ合衆国で生産されている豚肉の三分の一近く[22]、鶏肉の五分の一近くが[23]輸出されている。安い肉を外国に提供したり、人々が買いたいと思う以上の牛乳、人々が食べたいと思う以上のチーズを生産したりするために水を汚染するというのは、私たちが本当に望んでいることなのだろうか。

さらに、人間の排泄物の栄養素を再利用することによってリンの循環を回復する機も熟したと言うべきだろう。ごく大まかに言って、現在、世界では糞尿の形で人間の排泄物から毎年三〇〇万トンのリンが流出しているが、その中で肥料に利用されているものは比較的少量である。貴重な肥料であるにもかかわらずだ。

二〇一七年、ミシガン大学の研究者は、二階の土木環境工学部の女性化粧室で式典用の黄色いリボンにはさみを入れ、ドアを開いてちょっと変わったものを披露した――排水管が二ついた便器である。

便器の後部の排水管は使用者の糞便を受け止めるよう設計されており、エリー湖に注ぐヒューロン川の土手にある地元の下水処理場に通じる下水管へと流れていく。

便器の前側についている排水管をしっかり狙って排尿すると、そのまま建物の地下にある「尿処理室」のタンクに流れ込む。そこで冷却装置が排泄物の水分を凍らせ、目標とする栄養素を凝固させる。男性用のトイレにはまた別の尿収集用の排水管が取りつけられている――こちらは尿がパイプを通って直接地下室のタンクに送られる。

ミシガン大学のトイレは、アメリカ国立科学財団が基金を提供する三〇〇万ドルの尿肥料研究プロジェクトの一環だ。リンと窒素とカリウムをトイレの流水から取り出して安全な肥料に変換する技術を開発することと、この考えを一般市民に受け入れてもらうことの二つがプロジェクトの目的である。そしておそらく後者のほうが困難な作業であると言ってよいだろう。

トイレの実験が始まって一カ月後、研究者たちが成果として示した凝縮栄養素は約四リットルというささやかな量にすぎなかった。しかし、私たちが排泄するリンの大部分が含まれるのは尿であり、約五〇〇ミリリットルの尿を排出するのに利用している浄化水がどれだけ莫大な量であるか（最大で二六リットル）を考慮すれば、このような尿回収法を大規模に行うことで得られる恩恵は計り知れないだろう。

「現在の農業システムは持続可能なものではなく、下水の栄養素の利用法はずっと効率的なものにすることができるはずです」[24]とクリスタ・ウィギントンは語る。彼女は、ミシガン大学の土木環境工学部の准教授であるとともに、この研究プロジェクトのリーダーの一人でもある。

重要なのはこれらの事業を結合させることであり、それこそまさに、ミシガン大学の研究者たちがヴァーモント州のブラトルボロで行っていることである。ここで彼らは、町の有志からはるかに多量の尿を集め、ニンジン、レタス、小麦の実験栽培場で活用している。

ヴァーモントのフィールドワークの焦点の一つは、濾過、加熱、堆肥化、脱水といった尿処理方法の実験を行い、農場主、そして農場主の顧客にとって液状廃棄物を安全なものにすることである。含まれている病原菌の量という点で、ジョッキ一杯分の尿は一袋分の糞便よりはるかに安全だが、それでも細菌やウイルスが発生する可能性があるため、何らかの形で殺菌を行う必要がある。細菌やウイルスのほとんどは、自然に任せれば時間とともに無効化する。それより問題になっているのは、今日の尿の排水に含まれている薬剤のほうである。

「どんな作物の栽培にも尿を安全な肥料として利用できることはまちがいありません」と、リッチ・アース・インスティテュートの共同創設者であるエイブラハム・ノエ＝ヘイズは語る。このヴァーモントの農業研究機構は、ミシガン大学の研究者たちと共同研究を行っている。「私たちは、全人口から得られた、あらゆる薬剤が含まれた尿が、農業に無制限に利用できるほど安全か、という問いに答えを出そうとしているのです」[25]

そしてこれと同じくらいの難題がある。消費者が尿で栽培されたニンジンを買うだろうか、ということだ。

「研究員たちは崇高な努力を重ねてきたし、これからもそうする必要があると思います――その努力の大半は、一般市民の賛同を得ることに向けられています」と、ブラトルボロの下水処理施設のチーフ・オペレーターのブルース・ローレンスは語る。「普通の一般市民であれば、このような反応を示すでしょう。『このニンジンの栽培には、尿の肥料が使われているんですか？　遠慮させてもらいます』[26]。これこそが乗り越えるべき問題なのです」

大学の助成金の一部は、この問題に対処する広報キャンペーンに費やされた。ウリ・ネーションと名づけられた尿のしずくを主役とした動画が作られ、ウリは「尿《ピー》サイクリング」を推奨するのである。[27]

「ぼくのことを廃棄物だと思ってるかもしれないけど」と、ウリは単調なオーストラリアなまりで語る。「それは誤解だよ。ぼくは水金《みずきん》なんだ!」。尿のしずくがそれから展開する議論は、二世紀ほど前にヴィクトル・ユゴーが行った主張を思い起こさせるものだ。「毎日排出される平均的な成人の尿は、ひとかたまりのパンに必要な量の小麦の肥料になれるだけの栄養素を含んでいるんだ」と、ウリは誇らしげに語る。「それを無駄にしてしまうのは残念なことじゃないだろうか」

ミシガン大学の研究者は、下水処理場から尿を転用するコストを、エネルギー消費、淡水の使用、温室ガス排出、そして藻類の大発生の観点から計算したが、その結果、アジアの農場主たちが何世紀にもわたってすでに知っていたことがほぼ裏づけられた。つまり、人間の排泄物——この場合は、処理済みの人間の排泄物ということになるが——を土地に還元するほうが、それをパイプに流し込んで、飲料水や海水浴場、漁場を危険にさらすより、環境的に意味がある、ということである。[28]

こうした尿の再利用は、大規模な下水処理システムに投資することができていない世界中の発展途上地域にとって特に有益だろう。しかし、無秩序に広がる現代都市では、話はそう簡単にはいかない。何百万におよぶ従来式のトイレと下水ネットワークの配管を根本的にやり直して、糞便と尿を別々の排水管に送るようにする必要があるからだ。研究者たちはたしかに大変な作業になると認めているが、設計寿命をはるかに過ぎた下水インフラの再建に多くの都市が取り組んでいるため、その機会に合わせて別々の排水管を取りつけることもできる、と言っている。

尿よりはるかに多くの病原菌を含む糞便を利用するのは、さらに困難をともなう試みだ。人間の排泄物によって栽培された食べ物を摂取した北朝鮮の兵士から何匹もの虫が飛び出したことや、ドイツ人の土壌学者が糞便の撒かれた畑に生えているダイコンを生で食べたのを見て中国人の旅行ガイドたちが顔をしかめたことを考えてみれば、それは明らかだろう。

しかし、人間の排泄物の栄養素を元素レベルに精製する技術がすでに開発されている。

たとえば、シカゴのある下水処理場に数年前に設置された栄養素回収システムは、下水に含まれるリンを約三〇パーセント削減する効果があるとされている。[29] 回収されたリンは、ペレット状の商業用肥料に変えられ、作物にとって、ささやかではあるが貴重な栄養素となるのだ。この処理が行われなければ、リンはメキシコ湾を襲うデッドゾーンに流れ込み、その栄養素となってしまうのである。

シカゴのものをはじめとする新システムは大きな一歩だと言う環境保護主義者もいるが、世界中の下水処理場に流れ込むほとんどすべてのリンを回収し、現代の肥料工場で生産されるものと同程度に安全で汚染物質のない肥料に変換するためには、真の革命がなされる必要がある。

その革命は、すでに成し遂げられつつある――ほかでもない、リンの故郷ハンブルクで。

錬金術師のヘニッヒ・ブラントが一六六九年に桶に入った人間の尿からリン元素をはじめて作り出した場所からわずか約三キロメートルのところで、現代の魔術師がまたもや人間の排泄物から富をふるい分けようとしているのだ。

ブラントが自然界の神秘に分け入ったのは、金への欲望に突き動かされ、迷信に導かれた結果だった。マーティン・レベックは、同じ作業を、ドイツのハノーファー大学で何年も作業研究を行って培った合理的精神によって行った。レベックはハノーファーで生物学的下水処理を専門的に研究し、土木工学で博士号を取っていた。

私がレベックに会ったのは二〇一九年末、ハンブルクの下水処理場でのことだったが、この処理場はドイツ北部の二〇〇万以上のトイレの流水を処理している。外観は優雅な趣を見せ、下水の約一八〇メートル上には、二台の風車がハンブルクの上空に向かってそびえている。風車のくるくる回る羽根と、下水の汚泥から放出されるメタンをエネルギーに変換するタマネギ形の高さ三〇メートルの一〇台の消化槽によって、処理場を動かすのに十分な電力が生み出されているのだ。[30]

レベックはハンブルクの下水に大きな野心を燃やしている。メタンが除去された下水の汚泥の行く末は、これまでであれば二通りしかなかった。焼却されたのちトラックで埋め立て地に運ばれるか、まだ残っているリンをはじめとする栄養素を利用すべく農耕地に撒かれるかである。厳密に言えば、この汚泥は人間の排泄物ではなく、手間暇かけて培養された細菌が、処理場に流れ込んだ病原菌でいっぱいの排泄物を貪り食ったあとに生み出された物質である。

処理場で処理されてからパイプに流し出される水にもまだリンは一部含まれているとはいえ、処理場に注ぎ込むリンの大半は、最終的に汚泥の形で蓄積されることになる――この汚泥はバイオソリッドとも呼ばれている。

耕作地にバイオソリッドを撒く習慣は、アメリカ合衆国、ヨーロッパともに広く行われてきた。たとえば、私の故郷のミルウォーキーでは、バイオソリッドは熱処理によってペレット状にされ、ミルオーガナイトと呼ばれる芝生・園芸製品として袋詰めにされる。

しかし、人間の排泄物をほとんど生命を含まない汚泥に変えても、まだ病原菌をはじめとする有害なもので汚染されていることがある——殺虫剤や薬剤、重金属、さらには、フッ素樹脂加工された調理器具などに使われて「永久に残る化学物質」（ＰＦＡＳと呼ばれることもある）として懸念が高まっている産業化合物などである。バイオソリッドで栽培された作物には、こういった汚染物質が入り込んでくる可能性がある。それはつまり、食卓にのぼって私たちの体内に入ってくる可能性もあるということだ。このため、ヨーロッパではバイオソリッドの肥料を利用する農地が減ってきている。スイスでは完全に禁止されているし、ドイツでも現在、処理場で生み出されたバイオソリッドのうち畑で撒かれるのは四分の一にすぎない。そして、さらに大きな変化が起こりつつある。

ドイツでは、二〇二九年以降、大規模な下水処理場は基本的に汚泥に含まれるリンをすべて除去することが義務づけられることになる。費用効率の高い方法によって産業規模でこれを実現する技術が開発できるかどうかがまだ不透明であるにもかかわらず、この法案は議会を通過した。レベックが勤めるレモンディスは、三万人以上の従業員を抱える、リサイクルを事業の中心とする家族経営の民間企業で、この技術の開発を目指して競合する多くの企業の一つである。

レモンディスは、二〇一四年、ハンブルクの下水プラントで小規模な実験的システムを開始した。バイオソリッドを灰に変えたあとで、そこからリン元素を抽出しようとするものだ。ドイツの下水汚泥法の制定によってわき起こったリン再利用ブームで多くの企業が競合しているため、レベックはどのような処理が行われているかの詳細を明かすことは拒んだ。しかし、その技術をごく簡単に言えば、正確に分量を調整したリン酸で灰を処理し、その灰からさらに多くのリン酸を放出させる、というものである。

レベックの説明によれば、堆積岩中のリンを溶解させるために現代の肥料工場で使われている超強力な硫酸とは異なり、リン酸は下水の汚泥の灰の重金属や他の汚染物質を解放するには弱すぎる。しかし、灰自体のリン酸を解放する程度には強力であり、この灰自体のリン酸は、動物のえさの栄養補助品や化学肥料を作るのに使われる原料である。リン酸は人間の食べ物にも使われているが、混じりけのないきれいなものであるとはいえ、下水に由来する製品を人間が直接消費する食品にする予定は自社ではない、とレベックは言っている。

パイロット・プラントはとてもうまくいき、二〇一九年には、ハンブルクの下水処理場の片隅で日立製のブルドーザーが轟音を立てて行き来し、本格的なリン回収施設の土台を掘り終わっていた。二〇二二年初頭、レモンディスと、プロジェクトにともにたずさわっていた公営のハンブルク水道事業者がプラントをオープンし、汚泥から工場で生産されるレベルの品質の肥料を生産し始めた。レベックは、二〇二二年末にはプラントが全面稼働すると見込んでおり、この再利用技術が全国的に採用されればドイツのリン輸入量は激減すると確信している。これはきわめて重要な意味を持つ。ヨーロッパには大規模なリン鉱石埋蔵地がないため、一九世紀に骨や鳥の糞を追い求めたイギリス同様、外国の肥料に頼りきっているのが現状だからである。「資源を回復するためだけにリンを再利用しているわけではありません」とレベックは語ってくれた。「主としてリンの輸入から自立するためにやっていることなのです」

レモンディスの、あるいは競合他社のリン回収技術がヨーロッパ中で採用されて成功を収めれば、ヨーロッパ諸国は外国に対する食料依存度を減らす以上の恩恵を受けられるというのがレベックの考えだ。水質も改善し、それにともなって裕福になれる人も出てくるだろう。

「私たちは、これで何十億［ドル］も稼げると信じるほど愚かではありませんが、これは序章にすぎません」とレベックは言う。「もっと長い物語の始まりになることを願っています」

この物語が始まったのは、三世紀以上前にリン元素の力がエルベ川の向こう岸で解放されたときであることを、レベックは知っている。そして今、上空からリン爆弾を落とす連合国軍の爆撃機によって灰燼に帰してから一世紀も経たないうちに、ハンブルクは自らが生み出した灰から持続可能な食物システムと未来を作り出しつつあるのだ。

エルベ川西岸の土手沿いにそびえるリン回収プラントについて、レベックはこう語った。

「これこそ、リンの帰郷なのです」

# 謝辞

私が本書の大部分を書いたのは、ミシガン湖西岸のミルウォーキーのレイク・パークに停めたホンダのミニバンの中だ。これについては、コロナウイルスに謝辞を述べねばなるまい。

しかし、ミニバンの中で仕事をするようになる前は、コロナ禍によって私はこれまで以上に妻のアリスと子供たち（サラ、モリー、ジョン、ケイト）に頼ることになった。二〇二〇年のロックダウンによって、レンガ造りの狭苦しい我が家はたちまちのうちにさまざまなものに変じた。子供たちにとっては校舎に、アリスにとってはオフィスに、コロナ禍をきっかけに飼い始めた子犬のアーニーにとっては犬小屋に、そして私にとっては執筆のための「避難所」に。これにより、アリスと子供たちは逃げ場がほとんどない状況に追い込まれた――お互いから、そして絶えず泣きわめく子犬から。私はと言えば、この混乱状態に拍車をかけるだけだった。より効率的にキーボードを打ったり電話でインタビューしたりできる場所を求めて家中を歩き回り、一家の周波数帯域幅やインターネットなどで自分の分け前以上のものを消費していた。したがって、そのつらい時期に支援と励まし、毎日の便宜を与えてくれたことへの深い感謝を、今挙げた家族に捧げたい――犬を除いて。

ウィスコンシン大学ミルウォーキー校の淡水科学部にも大きな感謝を捧げたい。著者が同校の水政策センターでジャーナリスト・イン・レジデンスとして滞在していた間には、金銭的支援（と図書館利用特権）を提供していただいた。

著作権代理人のバーニー・カープフィンガーは、本書の輪郭と焦点を定める手助けをしてくれた——地球上のあらゆる生物の細胞の生存に必須の元素について書くとなると、これはたやすい仕事ではない。バーニーは、特につらかった時期に本当に助けになってくれた。

W・W・ノートン社の編集者マット・ウェイランドは、ここ三年の間、たゆまず進行を見守り（そして励ましてくれ）、家庭の事情により数週間、時にはそれ以上の間執筆を中断しなければならないときにも、理解を示してくれた。ノートン社のフネーヤ・シッディキ、エリン・シンスキー・ロヴェット、スティーヴ・コルカにも、本書の出版を手助けしてくれたことに感謝を捧げたい。

ジョージ・スタンリーとマーティ・カイザー（それぞれ『ミルウォーキー・ジャーナル・センティネル』の編集長、元編集長である）が育んだ社風のおかげで、進取の気性に富む記者たちは、じっくり報道にたずさわる時間を与えられ、特定の分野を開拓して複雑な記事ネタを追求することができた。『ジャーナル・センティネル』にたずさわった二〇年で身につけたジャーナリストとしての根気強い調査能力がなければ、この本を書くことはできなかっただろう。

そして、リンについて書かれたある著作に出合うことがなかったら、私はこのテーマで本を書こうと思うこともなかっただろう。その著作とは、イギリス人化学者・著作家のジョン・エムズリーが二〇〇〇年に出版した『*The Shocking History of Phosphorus: A Biography of the Devil's Element*（リンの衝撃的な歴史——悪魔の元素の伝記）』である。この本に行き当たったのは、二〇一四年に新聞連載でエリー湖のリンによる藻類の大発生を調査していたときのことだ。エムズリーの著書はリンの歴史に関するすばらしい概説書で、リンのさまざまな（その多くは悪魔的な）使用法に関する興味深いエピソードが満載である。一方で、私が悪魔の元素に関する本を自分でも書いたのは、リンが私たちの今日の生活の中ではたす矛盾した役割に焦点を当てるためだった――作物栽培に必須の栄養素であると同時に、世界中で猛威を振るう有毒藻類の大発生の触媒となっているリンの矛盾した姿を詳述したいと思ったのだ。私をこの方向に導いてくれたものこそ、エムズリーの著書だった。

肥料の歴史を研究しているイギリス人のバーナード・オコナーの著作は、現代農業システムがどのようにして化学肥料に依存するようになったか（このあたりの事情についてはわかりにくい部分も多いのである）について理解する一助となった。ロンドン北部にあるロザムステッド試験場の農業用リン酸肥料の研究者、ポール・ポールトンとジョニー・ジョンストンは、二〇一九年秋に同所を訪れたときにとても親切に接してくれた。マイケル・パターソンとスコット・ヒギンズ、そしてオンタリオ州西部のカナダの実験湖地域の人々にも、二〇一八年春に同所を訪ねたときにとてもお世話になった。

体験談や専門知識、知見を共有してくれた数多くの人々については本書で紹介済みだが、名前を挙げられなかった以下の方々からも貴重なお力添えやご支援をいただいた。ハーヴェイ・ブーツマ、ヴァル・クランプ、ジョセフ・アルトシュタット、ジョン・ジャンセン、スティーヴ・カーペンター、メリッサ・スカンラン、ジェイク・ヴァンダー・ザンデン、ピーター・アニン、ボイス・アップホルト、シンシア・バーネット、トッド・ミラー、グレースアン・ケイ・ターサ、オーウェン・

ステファニアク、アンナ・マユミ・カーバー、ラリー・ボイントン、メグ・キッシンジャー、マシュー・メンテ、クロッカー・スティーヴンソン、ナンシー・クイン、そして、鋭い眼光でタイプミスを発見してくれた八〇代になる両親、ディック・イーガンとアン・イーガン。

二〇二二年八月一〇日、ミルウォーキーのレイク・パークにて

（ホンダのミニバンの中で——コロナ禍で身につけた習慣はなかなかやめられないものだ）

# 訳者あとがき

本書は、二〇二三年三月に刊行された、ダン・イーガンの『*The Devil's Element: Phosphorus and a World Out of Balance*』の翻訳である。

まず、著者のダン・イーガンについて簡単に紹介すると、『ミルウォーキー・ジャーナル・センティネル』紙で活躍してきたジャーナリストで、執筆した記事で過去に二度ピューリッツァー賞の最終候補に選ばれている。環境問題に詳しく、五大湖の生態系の危機について書いた第一作の『*The Death and Life of the Great Lakes*（五大湖の生と死）』はニューヨーク・タイムズのベストセラー・リストに入り、ロサンゼルス・タイムズ・ブック賞、J・アンソニー・ルーカス賞を受賞した。続いて発表された第二作が本書である。

原題のThe Devil's Element（悪魔の元素）とは、リン元素のことだ。リンはDNAの構成要素になるなど、生命に不可欠の要素であることは言うまでもないが、肥料として農業を支え、増加する人口を養うという点でも人類に欠かせない資源になっている。一方で、「悪魔の元素」と呼ばれるリンには、自然発火したり、藻類の大発生を引き起こしたりといったおそろしい一面もある。人間にとって不可欠でありながら、大問題を引き起こして悩みのたねにもなっているリンという不思議な元素の真の姿に迫ろうとしたのが、本書である。

環境問題に対する意識の強いジャーナリストらしく、イーガンは、リンを多量に用いた化学肥料によって藻類の大発生の最大の原因をつくっているアメリカ合衆国の農業の責任を追及する。また、リン鉱山を目的に西サハラを占領し続けているモロッコについても厳しい視線を向ける。どういうわけか石油などに比べて一般には注目を集めていないようだが、リン資源の枯渇とリン肥料をめぐる国際的な争いは、人類の未来を左右するほど重大な問題になっているのだ。

硬派な主張が込められた本ではあるが、その筆致はスリリングだ。「はじめに」の冒頭から読者をとらえて離さない。ある若者がスピード違反（および規制薬物所持）で逮捕されることを恐れ、車を乗り捨てて水路に飛び込んだものの、彼を待ち受けていた運命は逮捕されるよりひどいものだった。飛び込んだ水路に有毒な藻類が大発生しており、半死半生の目にあったのだ。この藻類の大発生を引き起こしているのがリンだった。本編の1章も謎めいたエピソードで幕を開ける。退職後にバルト海沿岸で漂流物を集めることを趣味にしていたドイツ人が、ある日、小石のようなものを拾ってポケットに入れたが、それが発火して左脚を中心に全身の三分の一におよぶ大やけどを負ったのだ。こちらの犯人もリンだった。害のない小石と思われたものは、第二次世界大戦中にイギリス空軍の爆撃機によって投じられたリン爆弾のかけらだったのだ。

イーガンは時間と空間を駆けめぐり、錬金術師ヘニッヒ・ブラントによる一六六九年のリンの発見を起点に、西洋から北アフリカ、南米からアジアまで、リンにまつわる興味深いエピソードを次々に提示していく。古生物学の世界で女性が活躍することなど考えられなかった時代に、化石の発見・研究で大きな業績を上げたメアリー・アニング、ペルー沖の島でグアノを発見してグアノ肥料がヨーロッパで使われるきっかけをつくった探検家アレクサンダー・フォン・フンボルト、第一次世界大戦で毒ガスを使用して戦争犯罪人として告発されながらも、窒素肥料の発明によってノーベル化学賞を受賞したフリッツ・ハーバー。イーガンはこれらの歴史に名を残す人物を紹介するばかりでなく、藻類の大発生によって苦しむ現代の一般市民や、湖の汚染の改善に懸命に取り組む人々に直接取材し、貴重な体験談を引き出している。

リンという矛盾に満ちた不思議な元素について楽しみながら知っていただくとともに、現代が直面するリンに関する諸問題について考えるきっかけになれば、訳者としてこれほどうれしいことはない。

最後に、本書を翻訳する機会を与えていただき、拙訳を丁寧にチェックしてくださった原書房の相原結城さんに感謝する。

*with Sketches from His Notebooks of Distinguished Contemporary Characters*, vol. 1 (London: John W. Parker, 1843).
4 *Morning Post* (London), May 15, 1819.
5 *Morning Post* (London), October 19, 1822.
6 *New England Farmer*, February 2, 1827.
7 *Chronicle* (Leicester), June 22, 1839.
8 Victor Wolfgang Von Hagen, *South America Called Them: Explorations of the Great Naturalists* (New York: Knopf, 1945), 88.
9 Andrea Wulf, *The Invention of Nature* (New York: Vintage, 2015), 290.（邦訳は『フンボルトの冒険――自然という〈生命の網〉の発明』鍛原多惠子訳、2017年、NHK出版）
10 Wulf, *Invention of Nature*, 333.（『フンボルトの冒険――自然という〈生命の網〉の発明』）
11 Von Hagen, *South America Called Them*, 154–55.
12 David Hollet, *More Precious than Gold: The Story of the Peruvian Guano Trade* (Madison, NJ: Fairleigh Dickinson University Press, 2008), 9.
13 Helmut De Terra, *Humboldt: The Life and Times of Alexander Von Humboldt* (New York: Knopf, 1955), 196.
14 Gregory T. Cushman, *Guano and the Opening of the Pacific World: A Global Ecological History* (Cambridge University Press, 2013), 30–32.
15 Erica Munkwitz and James L. Swanson, "A Journey to St. Helena, Home of Napoleon's Last Days," *Smithsonian Magazine* (April 2019).
16 Munkwitz and Swanson, "A Journey to St. Helena."
17 R. S. F., "Statistics of Guano," *Journal of the American Geographical and Statistical Society* 1, no. 6 (June 1859): 181–89, https://doi.org/10.2307/196154.
18 *Liverpool Mercury*, February 3, 1843.
19 Freeman Hunt, "Brief History of Guano," *The Merchants' Magazine and Commercial Review, Vol. 34: From January to June, Inclusive*, 1856 (F. Hunt, 1856), 118, reprinted by FB&C, 2017, https://www.google.com/books/edition/The_Merchants_Magazine_and_Commercial_Re/OHpuswEACAAJ?hl=en.
20 Jimmy Skaggs, *The Great Guano Rush: Entrepreneurs and American Overseas Expansion* (New York: St. Martin's Press, 1994), 6. さらに詳しい説明については、Charles Kidd, MD, *Medical Times* (J. Angerstein Carfrae, 1845)を参照。
21 Watt Stewart, *Chinese Bondage in Peru* (Durham, NC: Duke University Press, 1951), 62.
22 Benjamin Narvaez, *Coolies in Cuba and Peru: Race, Labor, and Immigration*, 1839–1886 (dissertation, University of Texas-Austin, 2010),

4.

23 *Weekly Standard* (Raleigh, NC), June 2, 1858.

24 W. M. Mathew, *The House of Gibbs and the Peruvian Guano Monopoly* (Royal Historical Society, 1981), 146.

25 Gregory T. Cushman, " 'The Most Valuable Birds in the World': International Conservation Science and the Revival of Peru's Guano Industry, 1909–1965," *Environmental History* 10, no. 3 (July 2005): 477–509.

26 Alexander James Duffield, *Peru in the Guano Age: Being a Short Account of a Recent Visit to the Guano Deposits, with Some Reflections on the Money They Have Produced and the Uses to which It Has Been Applied* (United Kingdom: R. Bentley and Son, 1877), 89.

27 E. John Russell, *A History of Agricultural Science in Great Britain, 1620–1954* (London: George Allen & Unwin, 1966), 89.

28 Yariv Cohen, Holger Kirchmann, and Patrik Enfält, "Management of Phosphorus Resources—Historical Perspective, Principal Problems and Sustainable Solutions," in Sunil Kumar, ed., *Integrated Waste Management*, vol. 2 (London: IntechOpen, 2011), 250.

29 Jacek Antonkiewicz and Jan Łabętowicz, "Chemical Innovation in Plant Nutrition in a Historical Continuum from Ancient Greece and Rome until Modern Times," *Chemistry-Didactics-Ecology-Metrology* 21, no. 1–2 (December 2016): 34.

30 現在では多くの人によって、リービッヒが公表する何年も前に、同じくドイツ人のカール・シュプレンゲルが無機栄養説と最少量の法則の概念を発見していたと認められている。

31 William Brock, *Justus Von Liebig: The Chemical Gatekeeper* (Cambridge University Press, 1997), 145.

32 Brock, *Justus Von Liebig*, 178.

## 3章　骨から石へ

1 Benjamin A. Hill Jr., "History of Medical Management of Chemical Casualties," in *Medical Aspects of Chemical Warfare*, Textbooks of Military Medicine, ed. Shirley D. Tuorinsky (Washington, DC: US Government Printing Office, August 2014), 80.

2 Sarah Everts, "A Brief History of Chemical War," Science History Institute (May 11, 2015), accessed April 27, 2022, https://www.

sciencehistory.org/distillations/a-brief-history-of-chemical-war.
3 Jan Willem Erisman, Mark A. Sutton, James Galloway, Zbigniew Klimont, and Wilfried Winiwarter, "How a Century of Ammonia Synthesis Changed the World," *Nature Geoscience* 1 (2008): 636–39.
4 Patricia Pierce, *Jurassic Mary: Mary Anning and the Primeval Monsters* (Gloucestershire, England: The History Press, 2014), 17.
5 Hugh Torrens, *The British Journal for the History of Science* 28, no. 3 (September 1995): 257–84.
6 Larry E. Davis, "Mary Anning: Princess of Palaeontology and Geological Lioness," *The Compass: Earth Science Journal of Sigma Gamma Epsilon* 84, no. 1 (2012): 78.
7 William Buckland, "On the Discovery of Coprolites, or Fossil Faeces, in the Lias at Lyme Regis, and in Other Formations," *Transactions of the Geological Society of London, second series 3* (1829): 224–25.
8 Buckland, "On the Discovery of Coprolites," 235.
9 Royal School of Mines (Great Britain), Museum of Practical Geology and Geological Survey, *Records of the School of Mines and of Science Applied to the Arts* 1, pt. 1; *Inaugural and Introductory Lectures to the Course for the Session*, 1851–2 (H. M. Stationery Office, 1852), 40–41. 著者がこのやりとりを最初に目にしたのは、Bernard O'Connor, *The Origins, Development and Impact on Britain's 19th Century Fertiliser Industry* (Peterborough, England: Fertiliser Manufacturers Association, 1933) の中である。
岩石をもとにした肥料の発見は、リービッヒ、バックランド(そしてアニング)だけの功績に帰せられるものではない。当時の他の農学者たち(ローズも含む)も各自新たな形態の肥料を求めて調査にたずさわり、リンを豊富に含む岩石にたどりついていた。
10 Stephen M. Jasinski, "Mineral Resource of the Month: Phosphate Rock," *Earth* (January 28, 2015), accessed April 17, 2022, https://www.earthmagazine.org/article/mineral-resource-month-phosphate-rock/.
11 肥料研究家のバーナード・オコナーから著者に提供された採掘データによる。
12 Trevor D. Ford and Bernard O'Connor, "A Vanished Industry: Coprolite Mining," *Mercian Geologist* 17 (2009), 93–100.(オコナーから提供された文献による)
13 Marc V. Hurst, *Southeastern Geological Society Field Trip Guidebook No. 67: Central Florida Phosphate District*, 3rd edition (Tallahassee, FL: Southeastern Geological Society, July 30, 2016).
14 Arch Fredric Blakey, *The Florida Phosphate Industry: A History of the Development and Use of a Vital Mineral* (Cambridge, MA: Harvard University Press, 1973), 32.

15 Albert F. Ellis, *Ocean Island and Nauru: Their Story* (Sydney, Australia: Angus and Robertson, 1936), 52–53.

16 Charlie Mitchell, "New Zealand Can't Shake Its Dangerous Addiction to West Saharan Phosphate," *Stuff*, September 12, 2018.

17 Ellis, *Ocean Island and Nauru*, 55. 著者がこの一節を最初に目にしたのは、Katerina Martina Teaiwa, *Consuming Ocean Island: Stories of People and Phosphate from Banaba* (Bloomington: Indiana University Press, 2014), 43においてである。

18 Teaiwa, *Consuming Ocean Island*, 48.

19 H. C. Maude and H. E. Maude, eds., *The Book of Banaba, from the Maude and Grimble Papers* (Suva, Fiji: Institute of Pacific Studies, University of the South Pacific, 1994), 72–80. 偶然にも、贈り物交換を行った乗組員の一人はオーシャン島の先住民で、数年前に島を離れ、オーストラリアの乗組員たちとともに帰国の途についていた。

20 Maude and Maude, eds., *The Book of Banaba*, 83.

21 Gregory T. Cushman, *Guano and the Opening of the Pacific World: A Global Ecological History* (Cambridge: Cambridge University Press, 2013), 118.

22 Ellis, *Ocean Island and Nauru*, 58.

23 Raobeia Sigrah and Stacey M. King, *Te Rii ni Banaba* (Suva, Fiji: Institute of PaciMc Studies, University of the South PaciMc, 2001), 170.

24 Ellis, *Ocean Island and Nauru*, 106.

25 Teaiwa, *Consuming Ocean Island*, 18.

26 Teaiwa, *Consuming Ocean Island*, 17.

27 Pearl Binder, *Treasure Islands: The Trials of the Ocean Islanders* (United Kingdom, Blond and Briggs, 1977), 54.

28 *Victoria Daily Times*, July 3, 1920, 21. 著者がこの一節を最初に目にしたのは、Cushman, *Guano and the Opening of the Pacific World*においてである。

29 Sigrah and King, *Te Rii ni Banaba*, 329.

30 K. J. Panton, *Historical Dictionary of the British Empire* (Rowman & LittleMeld, 2015), 384.

31 Teaiwa, *Consuming Ocean Island*, 61.

## 4章　砂の戦争


1. Lino Camprubi, “Resource Geopolitics: Cold War Technologies, Global Fertilizers, and the Fate of Western Sahara,” *Technology and Culture* 56, no. 3 (2015): 676–703.
2 Tony Hodges, *Western Sahara: The Roots of a Desert War* (L. Hill, 1983), 127–30.
3 “Security Council Extends Mandate of United Nations Mission for Referendum in Western Sahara, Unanimously Adopting Resolution 2351 (2017),” United Nations, April 28; 2017, accessed April 18, 2022, https://www.un.org/press/en/2017/sc12807.doc.htm.
4 *Edmonton Journal*, April 9, 1976.
5 *Washington Post*, October 21, 2001.
6 *Calgary Herald*, April 9, 1976.
7 Dana Cordell and Stuart White, “Peak Phosphorus: Clarifying the Key Issues of a Vigorous Debate about Long-Term Phosphorus Security,” *Sustainability* 3, no. 10 (2011): 2027–49.
8 Deepak K. Ray, Nathaniel D. Mueller, Paul C. West, and Jonathan A. Foley, “Yield Trends Are Insufficient to Double Global Crop Production by 2050,” *PLOS ONE* (June 19, 2003), https://doi.org/10.1371/journal.pone.oo66428.
9 “Phosphate Rock,” Mineral Commodity Summaries, US Geological Survey, January 2020, accessed April 18, 2022, https://pubs.usgs.gov/periodicals/mcs2022/mcs2020-phosphate.pdf.
10 *New York Times*, April 10, 2008.
11 “Zoellick Pushes New Approaches for World Bank in CGD Speech,” Center for Global Development, April 7, 2008, accessed April 18, 2022, https://www.cgdev.org/article/zoellick-pushes-new-approaches-world-bank-cgd-speech.
12 Jeremy Grantham, “Be Persuasive. Be Brave. Be Arrested (if Necessary),” Na*ture* (November 15, 2012).
13 Tim Worstall, “What Jeremy Grantham Gets Horribly, Horribly Wrong about Resource Availability,” *Forbes* (November 16, 2012).
14 Renee Cho, “Phosphorus: Essential to Life—Are We Running Out?,” Columbia Climate School, April 1, 2013, accessed April 18, 2022, https://blogs.ei.columbia.edu/2013/04/01/phosphorus-essential-to-life-

are-we-running-out/.
15 "Annual Report 2016," OCP Group. 著者が所有する文書より。
16 Jeremy Grantham, "The Race of Our Lives Revisited," GMO white paper, August 2018, accessed April 18, 2022, https://www.gmo.com/globalassets/articles/white-paper/2018/jg_morningstar_race-of-our-lives_8-18.pdf.
17 Najla Mohamedlamin, *Stuff,* September 21, 2018.

## 5章　汚れた石鹸

1 J. S. Sartin, "Infectious Diseases during the Civil War: The Triumph of the 'Third Army,' " *Clinical Infectious Diseases* 16, no. 4 (April 1993): 580–84, accessed April 19, 2022, doi: 10.1093/clind/16.4.580.
2 Davis Dyer, Frederick Dalzell, and Rowena Olegario, *Rising Tide: Lessons from 165 Years of Brand Building at Procter & Gamble* (Boston: Harvard Business School Press, 2004), 70.（邦訳は『P&Gウェイ――世界最大の消費財メーカーP&Gのブランディングの軌跡』足立光・前平謙二訳、2013年、東洋経済新報社）。"Development of Tide Synthetic Detergent," American Chemical Society, 2006, accessed April 19, 2022, https://www.acs.org/content/acs/en/education/whatischemistry/landmarks/tidedetergent.html#inventing-tideに引用。
3 The Development of Tide (booklet), American Chemical Society, October 25, 2006, accessed April 18, 2022, https://www.acs.org/content/dam/acsorg/education/whatischemistry/landmarks/tidedetergent/development-of-tide-commemorative-booklet.pdf.
4 Davis Dyer, Frederick Dalzell, and Rowena Olegario, *Rising Tide*, 75–76.（『P&Gウェイ――世界最大の消費財メーカーP&Gのブランディングの軌跡』）
5 "Neil McElroy of Procter and Gamble—*Time* Magazine 1953 Article," Marketing Master Insights (blog), April 7, 2012, accessed April 19, 2022, http://marketingmasterinsights.com/input/tag/neil-mcelroy/.
6 *Appleton Post Crescent*, October 24, 1951.
7 *Chicago Tribune*, January 13, 1963.
8 *Pittsburgh Press*, September 2, 1964.
9 UPI via *St. Petersburg Times*, July 29, 1962.「蛇口から出てくる無料の泡」の見出しの実際の記事より。「最近のある朝のこと、イーストウッド・ドライブ14番地のレイモンド・ジョイス夫人は、シンクのそばに朝食の済んだ皿を積

み重ねて蛇口をひねり、泡がたまるのを待って皿を洗い始めた。この作業が毎日行われているのだ」

10 *Bristol (PA) Daily Courier*, February 19, 1963.

11 *Minneapolis Star*, December 8, 1962.

12 *Oil City Derrick*, March 31, 1966.

13 *Times Recorder* (Zanesville, Ohio), April 15, 1967.

14 Rep. No. 91-1004, *Phosphates in Detergents and the Eutrophication of America's Waters*, 91st Congressional Session (April 14, 1970), 6.

15 A. H. Phelps Jr., "Air Pollution Aspects of Soap and Detergent Manufacture," *Journal of the Air Pollution Control Association* 17, no. 8 (1967):505–7, doi: 10.1080/00022470.1967.10469009.

16 Rep. No. 91-1004, *Phosphates in Detergents and the Eutrophication of America's Waters*, 73.

17 David Zwick, Marcy Benstock, and Ralph Nader, *Water Wasteland: Ralph Nader's Study Group Report on Water Pollution* (New York: Grossman, 1971), 451.

18 Rep. No. 91-1004, *Phosphates in Detergents and the Eutrophication of America's Waters*, 63–64.

19 Rep. No. 91-1004, *Phosphates in Detergents and the Eutrophication of America's Waters*, 29.

20 Rep. No. 91-1004, *Phosphates in Detergents and the Eutrophication of America's Waters*, 49.

21 Rep. No. 91-1004, *Phosphates in Detergents and the Eutrophication of America's Waters*, 21.

22 *Star Tribune* (Minneapolis, MN), December 24, 1961.

23 Nick Zagorski, "Profile of David W. Schindler," *Proceedings of the National Academy of Sciences* 103, no. 19 (May 9, 2006): 7207–9, accessed April 19, 2022, http://www.pnas.org/content/103/19/7207#ref-3.

24 D. W. Schindler, "A Personal History of the Experimental Lakes Project," *Canadian Journal of Fisheries and Aquatic Sciences* 66, no. 11 (October 22, 2009): 1140, https://doi.org/10.1139/F09-134.

25 *Boston Globe*, July 21, 1970.

26 David W. Litke, *Review of Phosphorus Control Measures in the United States and Their Effects on Water Quality*, US Geological Survey Water Resources Investigations Report 99-4007 (1999), 5, accessed April 20, 2022, https://pubs.usgs.gov/wri/wri994007/pdf/wri99-4007.pdf.

27 *Nanaimo Daily News*, June 9, 1971.

28 Litke, *Review of Phosphorus Control Measures*, 1.

## 6章　毒の水

1 著者が2018年7月9日に行ったインタビューより。
2 "GLRI FA3 Priority Watershed Profile: Maumee Watershed," Great Lakes Commission, accessed April 19, 2022, https://www.glc.org/wp-content/uploads/Maumee-Watershed-Profile.pdf.
3 "Lake Erie Phosphorus-Reduction Targets Challenging but Achievable," *Michigan News*, University of Michigan, accessed April 19, 2022, https://news.umich.edu/lake-erie-phosphorus-reduction-targets-challenging-but-achievable/.
4 Ohio EPA, "CAFO NPDES Permit–General Overview of Federal Regulations," Ohio Environmental Protection Agency factsheet, accessed April 19, 2022, https://epa.ohio.gov/static/Portals/35/cafo/NPDESPartI.pdf.
5 "Explosion of Unregulated Factory Farms in Maumee Watershed Fuels Lake Erie's Toxic Blooms," Environmental Working Group, accessed April 19, 2022, https://www.ewg.org/interactive-maps/2019_maumee/.
6 著者が2019年7月9日に行ったインタビューより。
7 *Nature* (May 2, 1878): 12.
8 Ian Stewart, Alan A. Seawright, and Glen R. Shaw, "Cyanobacterial Poisoning in Livestock, Wild Mammals and Birds—an Overview," in H. Kenneth Hudnell, ed., *Cyanobacterial Harmful Algal Blooms: State of the Science and Research Needs*, Advances in Experimental Medicine and Biology, vol. 619 (New York: Springer, 2008), 615–16.
9 Toledo Blade, May 2, 2018.
10 著者が2019年7月9日に行ったインタビューより。
11 本章の一部は、著者が2014年夏に『ミルウォーキー・ジャーナル・センティネル』のために書いた連載記事がもとになっている。
12 *Milwaukee Journal Sentinel*, December 13, 2019.
13 "2017 Census of Agriculture County Profile: Brown County, Wisconsin," US Department of Agriculture, accessed April 20, 2022, https://www.nass.usda.gov/Publications/AgCensus/2017/Online_Resources/County_Profiles/Wisconsin/cp55009.pdf.
14 *Milwaukee Journal Sentinel*, September 13, 2014, accessed April 20, 2022, https://www.jsonline.com/in-depth/archives/2021/09/02/dead-zones-haunt-green-bay-manure-fuels-algae-blooms/8100840002/.
15 *Milwaukee Journal Sentinel*, September 13, 2014.

16 *Milwaukee Journal Sentinel*, December 13, 2019.
17 *Milwaukee Journal Sentinel*, September 13, 2014.
18 *Milwaukee Journal Sentinel*, September 13, 2014.
19 *Milwaukee Journal Sentinel*, September 13, 2014.
20 著者が2019年8月7日に行ったインタビューより。
21 Jeff C. Ho, Anna M. Michalak, and Nima Pahlevan, "Widespread Global Increase in Intense Lake Phytoplankton Blooms since the 1980s," *Nature* 574 (October 2019): 667–68.
22 Ho, Michalak, and Pahlevan, "Widespread Global Increase in Intense Lake Phytoplankton Blooms," 667–70.

## 7章　誰もいない海岸

1 *Mississippi River/Gulf of Mexico Watershed Nutrient Task Force 2019-2021 Report to Congress, US Environmental Protection Agency*, U.S. Environmental Protection Agency, 2022.
2 *Des Moines Register*, June 22, 2018.
3 "Sporadic Mass Shoreward Migrations of Demersal Fish and Crustaceans in Mobile Bay, Alabama," *Ecology* 41, no. 2 (April 1960): 292–98.
4 "Jubilee Occurring in Mississippi Sound; Seafood Safe to Eat, but People Should Use Caution," Mississippi Department of Marine Resources press release, July 27, 2017, https://dmr.ms.gov/jubilee-occurring-in-mississippi-sound-seafood-safe-to-eat-but-people-should-use-caution/.
5 2019年7月24日に著者と議論したときのエミリー・コットンの発言より。

## 8章　病んだ心臓

1 1926年の洪水の犠牲者の墓石の位置を確認するため、著者が2018年に墓地を訪ねた。
2 *Tampa Tribune, September* 23, 1926, page 4.
3 *Appleton Post Crescent*, February 9, 1929.
4 *St. Petersburg Times*, September 26, 1926.
5 *Miami News*, September 23, 1928.
6 Michael Grunwald, *The Swamp* (New York: Simon & Schuster, 2006),

198.

7 *Waters of Destiny* (US Army Corps of Engineers, ca. 1957), documentary film, 25:50, Florida Memory, State Library and Archives of Florida, https://www.Roridamemory.com/items/show/232410.

8 Examination of Basin Phosphorus Issues Associated with Lake Okeechobee Watershed Dairies; National Audubon Society. 著者が所有する文書より。

9 Joyce Zhang, Zach Welch, and Paul Jones, "Chapter 8B: Lake Okeechobee Watershed Annual Report," in *The South Florida Environment*, 2020 South Florida Environmental Report vol. 1 (West Palm Beach, FL: South Florida Water Management District, 2020), 8B-2, accessed April 21, 2022, https://apps.sfwmd.gov/sfwmd/SFER/2020_sfer_Mnal/v1/chapters/v1_ch8b.pdf.

10 "Appendix A: Northern Everglades and Estuaries Protection Program (NEEPP) BMAPs," in *Florida Statewide Annual Report on Total Maximum Daily Loads, Basin Management Action Plans, Minimum Flows or Minimum Water Levels and Recovery or Prevention Strategies* (West Palm Beach, FL: South Florida Water Management District, June 2018), 17, accessed April 21, 2022, https://floridadep.gov/sites/default/files/2_3_2017STAR_AppendixA_NEEPP.pdf.

11 US Army Corps of Engineers, *Lake Okeechobee and the Herbert Hoover Dike: A Summary of the Engineering Evaluation of the Seepage and Stability Problems at the Herbert Hoover Dike* (Jacksonville, FL: US Army Corps of Engineers Jacksonville District, n.d.), accessed May 03, 2022, http://cdnassets.hw.net/15/5a/f2357d1240f69f864e55df7b18dd/lakeoandhhdike.pdf.

12 Lloyd's Emerging Risks Team, *The Herbert Hoover Dike: A Discussion of the Vulnerability of Lake Okeechobee to Levee Failure; Cause, Effect and the Future* (London: Lloyd's, n.d.), accessed April 21, 2022, https://assets.lloyds.com/media/528d8f9c-c805-4b60-a592-847b44201bd3/Lake_Okeechobee_Report.pdf.

13 US Army Corps of Engineers, *Lake Okeechobee and the Herbert Hoover Dike*.

14 Paul Gray, "High Water Levels Threaten the Health of Lake Okeechobee," National Audubon Society, October 24, 2017, accessed April 21, 2022, https://fl.audubon.org/news/high-water-levels-threaten-health-lake-okeechobee.

15 National Centers for Coastal Ocean Science, "What Powers Florida Red Tides?," National Oceanic and Atmospheric Administration, November 18, 2014, accessed April 26, 2022, https://coastalscience.noaa.gov/news/

powers-florida-red-tides/.
16 Jonathan Weiner, "The Tangle," *New Yorker*, April 3, 2005.

## 9章　無駄にしない

1 Keith Cooper, "Did Meteorites Bring Life's Phosphorus to Earth?," NASA Astrobiology Program, accessed April 21, 2022, https://astrobiology.nasa.gov/news/did-meteorites-bring-lifes-phosphorus-to-earth/.
2 Ellen Gray, "NASA Satellite Reveals How Much Saharan Dust Feeds Amazon's Plants," NASA Earth Science News Team, February 22, 2015, accessed April 21, 2022, https://www.nasa.gov/content/goddard/nasa-satellite-reveals-how-much-saharan-dust-feeds-amazon-s-plants.
3 Dana Cordell and Stuart White, "Sustainable Phosphorus Measures: Strategies and Technologies for Achieving Phosphorus Security," *Agronomy* 3 (2013): 86–116.
4 *Washington Post*, February 16, 2016.
5 Gerard Wynn, "U.S. Corn Ethanol 'Was Not a Good Policy': Gore," Reuters, November 22, 2010, accessed April 21, 2022, https://www.reuters.com/article/us-ethanol-gore/u-s-corn-ethanol-was-not-a-good-policy-gore-idUSTRE6AL3CN20101122.
6 National Agricultural Statistics Service, "2012 Census of Agriculture Highlights: Farms and Farmland," US Department of Agriculture, September 2014, accessed April 22, 2022, https://www.nass.usda.gov/Publications/Highlights/2014/Highlights_Farms_and_Farmland.pdf.
7 Jim Elser and Phil Haygarth, *Phosphorus: Past and Future* (Oxford University Press, 2020).
8 Jim Elser and Sally Rockey, *Phosphorus Forum 2018* (Sustainable Phosphorus Alliance, April 2, 2018), video, 59:11, accessed April 21, 2022, https://www.youtube.com/watch?v=8A9NFkSwji8.
9 2020年8月3日に著者と議論したときのジェイムズ・エルサーの発言より。
10 Justus von Liebig, "On English Farming and Sewers," *Monthly Review* 70, no. 3 (July–August 2018), accessed April 2022, https://monthlyreview.org/2018/07/01/on-english-farming-and-sewers/.
11 Henry Mayhew, London Labour and the London Poor (London: Penguin Classics, 2006), 181–82. 著者がこの一節を最初に目にしたのは、Stephen Johnson, *The Ghost Map* (New York: Riverhead, 2006), 116の中である(邦訳は『感染地図——歴史を変えた未知の病原体』矢野真千子訳、河出文

庫、2017年）。
12 Victor Hugo, *Les Miserables, trans. Christine Donougher* (New York: Penguin, 2013), 1126–27.（邦訳は『レ・ミゼラブル5』西永良成訳、ちくま文庫、2014年）
13 Dr. Arthur Stanley, 1899 annual report, excerpted in F. H. King, *Farmers of Forty Centuries, or Permanent Agriculture in China, Korea and Japan* (Madison, WI: Mrs. F. H. King, 1911), 198–99.（邦訳は『東アジア四千年の永続農業　上』杉本俊朗訳、農山漁村文化協会、2009年）
14 Stanley, in King, *Farmers of Forty Centuries*.『東アジア四千年の永続農業　上』
15 King, *Farmers of Forty Centuries*, 193.『東アジア四千年の永続農業　上』
16 King, *Farmers of Forty Centuries*, 9.『東アジア四千年の永続農業　上』
17 King, *Farmers of Forty Centuries*, 201–2.『東アジア四千年の永続農業　上』
18 King, *Farmers of Forty Centuries*, 215.『東アジア四千年の永続農業　上』
19 Ying Liu, Jikun Huang, and Precious Zikhali, "Use of Human Excreta as Manure in Rural China," *Journal of Integrative Agriculture* 13 (2014): 434–42.
20 Rick Barrett, *Milwaukee Journal Sentinel*, February 28, 2022.
21 2019年8月7日に著者と議論したときのスティーヴ・カーペンターの発言より。
22 US Meat Export Federation, "U.S. Pork Exports Soared to New Value, Volume Records in 2019," National Hog Farmer, February 06, 2020, accessed April 24, 2022, https://www.nationalhogfarmer.com/marketing/us-pork-exports-soared-new-value-volume-records-2019.
23 Economic Research Service, "Poultry & Eggs," US Department of Agriculture, last updated April 28, 2022, accessed May 24, 2022, https://www.ers.usda.gov/topics/animal-products/poultry-eggs/.
24 University of Michigan news release, January 22, 2020.
25 *Peecycling* (University of Michigan, April 7, 2015), video, 10:18, https://www.youtube.com/watch?v=dCV3kWhjfI4&t=108s, in Nicole Casal Moore, "A $T3M Grant to Turn Urine into Food Crop Fertilizer," University of Michigan news release, September 8, 2016, https://news.umich.edu/a-3m-grant-to-turn-urine-into-food-crop-fertilizer/.
26 *Peecycling* (University of Michigan, April 7, 2015).
27 *Uri Nation Introduces Urine Diversion and Urine Derived Fertilizers!* (University of Michigan, September 29, 2018), video, 6:33, accessed April 22, 2022, https://www.youtube.com/watch?v=iX1F4dYLF84&t=4s.
28 Jim Erickson " '*Peecycling*' Payoff: Urine Diversion Shows Multiple Environmental Benefits when Used at City Scale," University of Michigan news release, December 15, 2020, https://news.umich.edu/*peecycling*-payoff-urine-diversion-shows-multiple-environmental-benefits-when-used-at-city-scale/.

29 *Chicago Tribune*, May 15, 2016.
30 "Energy Transition in the Port: An Economic Success Story," Hamburg Marketing, Germany, 2018, https://marketing.hamburg.de/energy-transition-in-hamburgs-port.html.

9 Igor Primoratz, ed., *Terror from the Sky: The Bombing of German Cities in World War II* (New York: Berghahn, 2010), 98.
10 著者がハンブルクの聖ニコライ教会の訪問者センターで観た映画の目撃者の証言より。
11 R. J. Overy, *The Bombers and the Bombed: Allied War over Europe, 1940–1945* (New York: Viking, 2014), 260.
12 Mary Alvira Weeks, *Discovery of the Elements* (Easton, PA: Journal of Chemical Education, 1956), 22.
13 Eduard Farber, *History of Phosphorus* (Washington, DC: Smithsonian Institution Press, 1966). ヴィルヘルム・ホムベルクの言葉からの引用である。
14 "Kunckel and the Early History of Phosphorus," *Journal of Chemical Education* (September 1927), 1109.
15 これは実際に行うことができるが、その費用は天文学的数字になる。以下はウィスコンシン大学ミルウォーキー校化学部長のジョー・アルトシュタットに聞いた話である。「1980年にグレン・シーボーグが、ビスマスからプロトンを引きはがし、金を作りました。わずか数千の原子でしたが、10億分の1セント分の金を作るのに、1万ドルかかりました！　したがって、実はアリストテレスは（理論上は）正しかったのです——元素は変質可能という点で、『第一質料』は存在するということです。個人的には、プロトンを第一質料の候補としたいところですが、素粒子物理学者の見解はおそらく異なるでしょう……」
16 Lawrence Principe, *The Secrets of Alchemy* (Chicago: University of Chicago Press, 2013), 125.（邦訳は『錬金術の秘密』ヒロ・ヒライ訳、勁草書房、2018年）
17 "Kunckel and the Early History of Phosphorus," *Journal of Chemical Education* (September 1927), 1110.
18 *Elements of the Origin and Practice of Chymistry*, 5th edition (Edinburgh, 1777), 197–204.

## 2章　壊れた生命の輪

1 Dmitry Shevela, Lars Olof Björn, and Govindjee, *Photosynthesis: Solar Energy for Life* (Singapore: World Scientific Publishing Company, 2018), 2.
2 2019年3月18日に著者と議論したときのガレス・グローヴァーの発言より。
3 Bransby Blake Cooper, *The Life of Sir Astley Cooper, Bart., Interspersed*

10 Michigan State University, "Are Zebra Mussels Eating or Helping Toxic Algae?," *ScienceDaily* (June 24, 2021), accessed April 15, 2022, https://www.*sciencedaily*.com/releases/2021/06/210624135534.htm.
11 *Buffalo Weekly Express*, August 27, 1891.
12 "Phosphate," Florida Department of Environmental Protection, Mining and Mitigation Program, accessed April 26, 2022, https://floridadep.gov/water/mining-mitigation/content/phosphate.
13 "TENORM: Fertilizer and Fertilizer Production Wastes," US Environmental Protection Agency, accessed April 26, 2022, https://www.epa.gov/radiation/tenorm-fertilizer-and-fertilizer-production-wastes.
14 Arch Fredric Blakey, *The Florida Phosphate Industry: A History of the Development and Use of a Vital Mineral* (Cambridge, MA: Harvard University Press, 1973), 32.（この逸話が真実であるかどうかは疑問の余地もあるが、ブレイキーが述べているように、当時のフロリダでは同じような話がいくつも語られていた）
15 *Foreign Policy*, April 20, 2010.
16 Tim Lougheed, "Phosphorus Paradox: Scarcity and Overabundance of a Key Nutrient," *Environmental Health Perspectives* 119, no. 5 (2011): A208–13, accessed April 15, 2022, https://doi.org/10.1289/ehp.119-a208.
17 *Naples Daily News*, July 14, 2018.

## 1章　悪魔の元素

1 著者が2019年11月10日に行ったインタビューより。
2 Hans Nossack, *The End* (University of Chicago Press, 2006), 7–8.
3 Jörg Friedrich, *The Fire: The Bombing of Germany*, 1940–45 (New York: Columbia University Press, 2008), 9.
4 Arthur Travers Harris, *Bomber Offensive* (London: Collins, 1947), 162.
5 *New York Times*, October 21, 2019.
6 "Royal Air Force Bomber Command 60th Anniversary: Campaign Diary, July 1943."
7 Jason Forthofer, Kyle Shannon, and Bret Butler, *Investigating Causes of Large Scale Fire Whirls Using Numerical Simulation* (Missoula, MT: USDA Forest Service, Rocky Mountain Research Station, 2009).
8 John Grehan and Martin Mace, *Bomber Harris: Sir Arthur Harris' Despatch on War Operations, 1942–1945* (Pen & Sword Aviation, 2014), 45.

# 原注

## はじめに

1 *Suspect Nearly Drowns Escaping from Cops* (*The Sun* [UK], September 6, 2018), video, 8:48, accessed April 15, 2022, https://www.youtube.com/watch?v=aJZ-xxRLjdg.
2 *Washington Post*, September 5, 2018.
3 2018年7月26日、フロリダ州スチュアートでの会合に出席したときに記したメモより。
4 *Treasure Coast Newspapers*, July 27, 2018.
5 2018年7月26日、フロリダ州スチュアートでの会合に出席したときに記したメモより。
6 John R. Vallentyne, *The Algal Bowl: Lakes and Man* (Ottawa: Department of the Environment, Fisheries and Marine Service, 1974), 9.(邦訳は『湖の生態――人為的富栄養化をめぐって』原俊昭訳、1978年、恒星社厚生閣)
7 John R. Vallentyne, " 'Johnny Biosphere,' " *Environmental Conservation* 11, no. 4 (1984): 363–364, accessed April 15, 2022 https://www.cambridge.org/core/journals/environmental-conservation/article/johnny-biosphere/DCD355DAB68FF44063A0B91EAD3713B1.
8 Ian Stewart, Penelope M. Webb, Philip J. Schluter, and Glen R. Shaw, "Recreational and Occupational Field Exposure to Freshwater Cyanobacteria— a Review of Anecdotal and Case Reports, Epidemiological Studies and the Challenges for Epidemiologic Assessment," *Environmental Health: A Global Access Science Source* 5, no. 6 (2006), doi: 10.1186/1476-069X-5-6. この17歳の若者の実際の死因は依然として議論の的になっている。
9 *New York Times*, March 25, 2021.

**著者｜ダン・イーガン** Dan Egan

ミルウォーキー・ジャーナル・センチネル紙の記者で、ウィスコンシン大学ミルウォーキー校に淡水科学部シニアフェローとして在籍中。執筆した記事で過去に2度ピューリッツァー賞の最終候補に選ばれた。五大湖の生態系の危機について書いた第1作目の*The Death and Life of the Great Lakes*はニューヨーク・タイムズのベストセラー・リストに入り、ロサンゼルス・タイムズ・ブック賞、J・アンソニー・ルーカス賞を受賞。本書が2作目となる。コロンビア大学ジャーナリズム科卒業。現在は妻子と共にウィスコンシン州ミルウォーキーで暮らす。

**訳者｜阿部将大**（あべ・まさひろ）

1976年生まれ。山口県宇部市出身。大阪大学文学部文学科英米文学専攻卒業。大阪大学大学院文学研究科イギリス文学専攻博士前期課程修了。訳書に『世界の奇食の歴史』（原書房）がある。

肥料争奪戦《ひりょうそうだつせん》の時代《じだい》
希少資源《きしょうしげん》リンの枯渇《こかつ》に脅《おび》える世界《せかい》

2023年 7 月24日　第1刷
2023年11月20日　第2刷

著 者……………ダン・イーガン
訳 者……………阿部将大《あべまさひろ》
ブックデザイン……永井亜矢子（陽々舎）
カバーイラスト……iStock
発行者……………成瀬雅人
発行所……………株式会社原書房
〒160-0022 東京都新宿区新宿1-25-13
電話・代表　03(3354)0685
http://www.harashobo.co.jp/
振替・00150-6-151594
印 刷……………新灯印刷株式会社
製 本……………東京美術紙工協業組合


ISBN 978-4-562-07296-5　Printed in Japan